서울대학교 자유전공학부
주제탐구세미나

생명

서울대학교 자유전공학부 주제탐구세미나
생명

초판 1쇄 발행 2014년 11월 30일
초판 4쇄 발행 2021년 9월 10일

지은이 우희종·장대익·김형숙

펴낸곳 서울대학교출판문화원
주소 08826 서울 관악구 관악로 1
도서주문 02-889-4424, 02-880-7995
홈페이지 www.snupress.com
페이스북 @snupress1947
인스타그램 @snupress
이메일 snubook@snu.ac.kr
출판등록 제15-3호

ISBN 978-89-521-1557-7 04000
978-89-521-1492-1(세트)

서울대학교 자유전공학부
주제탐구세미나

생명

우희종 · 장대익 · 김형숙 지음

서울대학교출판문화원

발간사

자유전공학부 주제탐구세미나 시리즈는 서울대 자유전공학부가 자랑하는 〈주제탐구세미나 1〉 강좌의 기록인 동시에 또한 이정표이기도 하다. 액티브 러닝과 학생들에 대한 밀착지도를 강조하는 자유전공학부가 처음으로 1학년 신입생을 입학시키면서 탄생한 것이 2009년 3월이니, 거의 6년이 되어가는 시점에서 성과물을 출간하는 셈이다. 이를 통해 그동안 자유전공학부 학생들과 강의를 담당했던 교수들이 맛보았던 즐겁고 짜릿한 지적 탐구 경험을 공유하는 동시에 자유전공학부 교육의 질적인 도약을 위한 계기로 삼고자 한다.

자유전공학부는 설립 첫해인 2009년에는 '생명'과 '시간'이라는 두 개의 주제로 〈주제탐구세미나 1〉 강좌를 개설했고, 2010년에는 '사랑'을 추가해서 모두 3개의 주제로 강좌를 운영했다. 이어서 '공간'과 '지식'을 개설했고, 2013년에는 새로이 '문명'과 '행복'을 다루었는데, 담당 교수의 확보 등 현실적인 제약 때문에 새로운 주제를 도입할 때는 기존의 주제를 퇴장시키는 방식으로 운영하였다. 첫해는 네 분의 교수가 하나의 주제를 맡기도 했으나 그 이후는 항상 세 분의 교수가 하나의 주제를 같이 맡으면서 주제의 수는 3개를 유지해왔다. 주제는 여러 가지를 다루었는데 일단 '생명'과 '사랑'을 이번에 발간하게 되었다. 나머지 주제들도 출판 준비가 완료되는 대로 발간할 것이다.

〈주제탐구세미나〉는 자유전공학부 설립추진단(단장은 강명구 당시 기초교육원장)이 신입생들을 위해 설계한 독특한 수업이다. 자유전공학부에 입학한 학생들은 〈주제탐구세미나 1〉과 〈주제탐구세미나 2 또는 3〉을 반드시 수강해야 하는데 이들은 자유전공학부의 설립 취지를 잘 반영하는 독특한 수업인 동시에 학생들로 하여금 자신의 관심 분야를 발견하고 전공을 탐색하도록 하는 기능도 하고 있다. 〈주제탐구세미나 1〉은 매우 중요하면서 인문사회과학과 자연과학 또는 공학과 예술 등 여러 학문 분야에서 두루 다룰 수 있는 큰 주제들을 선정하며, 각기 다른 학문 분야의 교수 3명이 대학원생 조교 3명을 데리고 50여 명의 수강생을 3개 팀으로 나누어 진행한다.

국내 대학에서 흔히 접할 수 있는 팀 티칭 과목들은 대개 매주의 주제에 따라 각기 다른 교수가 들어와 강의를 하고 있으나 자유전공학부의 〈주제탐구세미나 1〉은 이와는 달리 진정한

팀 수업으로 이루어진다. 즉, 인문, 사회, 자연계를 아우르는 하나의 큰 주제에 대해 3명의 서로 다른 학문 분야를 전공하는 교수들이 각기 자신의 학문 분야에서 해당 주제를 어떻게 접근해 왔는가에 대한 강의를 하는 동시에 서로의 강의를 빠짐없이 듣고 질문도 한다. 이를 통해 자유전공학부 신입생들은 다양한 전공의 강의를 동시에 접하는 한편 강의 관련 문헌을 읽고 보고서를 쓰고 주제에 대한 토론 등을 하게 된다. 또한 다양한 관심사를 가진 동료들과 함께 팀 과제를 수행할 기회를 갖게 된다. 학기말 발표는 모든 학생이 참여하는 가운데 강좌의 특성에 따라 영상, 연극, 발표 등 다양한 형식으로 이루어진다. 이렇게 다양한 주제를 접하면서 본인의 관심 분야를 발견하고 이후 〈주제탐구세미나 2 또는 3〉 과목에서 하나의 주제를 선택해 좀 더 깊이 있게 탐색하게 된다.

〈주제탐구세미나 1〉을 담당하는 팀의 구성은 매우 다양하다. '시간'의 경우 영문학자, 서양철학자, 사회학자가 팀을 이루기도 했고, 그 다음해에는 영문학자, 문화인류학자, 천체물리학자로 팀의 구성이 바뀌기도 했다. '지식'의 경우는 서양철학자,

정치학자, 이론물리학자가 팀을 이루었고, '공간'의 경우는 문화인류학자와 이론물리학자와 공대 건축과 교수가 팀을 이루었다. '문명'의 경우는 서양사학자, 문화인류학자, 진화학자가 팀을 이루기도 했고, 그 다음해에는 중문학자, 문화인류학자, 공대 교수(기술경영경제정책 과정)가 팀을 이루기도 했다. '행복'은 동양철학자, 사회학자, 음악학자가 팀을 이루고 있다.

이번에 출간하는 '생명'은 면역학자 우희종 교수(수의대 수의학과), 진화학자 장대익 교수(자유전공학부), 그리고 미술교육 전문가 김형숙 교수(미대 동양화과)가 팀을 이루어 진행한 수업을 기반으로 한 것이다. 한편 '사랑'은 역사학자 주경철 교수(서양사학과), 중문학자인 박지현 교수, 그리고 물리학자 정재승 교수(KAIST 바이오및뇌공학과)가 하나의 팀을 이루어 진행한 수업을 기반으로 하고 있다.

주제탐구세미나 시리즈 책들의 내용을 살펴보는 것은 흥미진진한 지적 여행이지만 여기에는 모든 여행이 그러하듯이 놀라움과 혼란과 당혹스러움이라는 약간의 위험도 따른다. 하나의 주제와 관련하여 서로 다른 분과 학문들이 어떠한 세부 주제들을 문제로 삼거나 의문을 제기했으며 무엇을 발견했고 강조해왔는가 등을 알아보는 것은 재미있는 일이기도 하지만 무척 혼란스럽고 당혹스러운 일이기도 하다. 특히 항상 뚜렷한 정답이 있고 이를 알아맞히는 공부에만 익숙한 사람들에게는 약간은 고통스러울 정도의 불편함을 줄 수도 있을 것이다. 우리는 이러한 여행을 통해 과연 분과 학문이란 무엇인가, 분과 학문이란 왜 필요하며 그 장점은 무엇인가를 파악하는 동시에 그 한계는 무엇인가에 대해서도 생각할 기회를 갖게 될 것이다. 학문의 경계를 넘는다는 것이 무엇인지, 학제적(學際的) 연구와 융합 연구는 과연 어떻게 가능한 것인지 등에 대해서도 고민하게 될 것이다.

자유전공학부는 "21세기의 한국사회의 요구에 부응하여 서울대학교가 하나의 답변으로 제시한" 고등교육의 혁신 모델이며, 이 책은 그렇게 출범한 자유전공학부의 교육의 기록인 동시에 이정표이다. 즉, 지식과 정보를 가르치고 방법과 기술을 훈련시키고 연마하는 과거의 교육 패러다임을 넘어서 스스로 탐구하고 능동적으로 학습하는 새로운 인재를 키운다는 자유전공학부의 노력이 구체적으로 나타난 것이며, 고전과 첨단을 넘나드는 폭넓은 기초교육을 실현하는 방안으로 제시된 것들 가운데 하나인 것이다. 분과 학문적 지식도 제대로 습득하지 못한 학생들에게 학부 수준에서 무엇이 가능할 것이며 무엇을 해야 할 것인가 등에 대한 자유전공학부 설립추진단과 교수진의 고민과 노력이 담겨 있는 것이기도 하다.

그러한 의미에서 이 책의 출간은 자유전공학부의 교육 방식에 관심을 가진 사람들에게 자유전공학부 교육의 내용을 구체적으로 보여주는 것인 동시에 자유전공학부의 교육혁신 노력의 성취와 한계를 스스로 세상에 드러내고 강호제현의 평가와 질정(叱正)을 기다리는 것이기도 하다. 비록 책의 집필은 당시 강의를 담당했던 여섯 분의 교수님들이 맡았지만 자유전공학부 구성원 모두가 이 책의 출간에 가슴을 설레는 것도 바로 그 때문이리라.

주제탐구세미나 시리즈는 초대 학부장을 맡았던 서경호 교수가 결정한 것인데 여러 사정으로 책의 출간이 늦어지면서 현재 학부장을 맡고 있는 본인이 발간사를 쓰는 영광을 누리게 되었다. 자유전공학부의 설립과 〈주제탐구세미나〉 강좌 개발에 참여하신 설립추진단, 실제로 〈주제탐구세미나 1〉 강의를 담당하고 원고를 집필하신 교수님들, 국내에서 처음으로 시도되는 수업에 적극적으로 참여하여 놀랍고 새로운 지적 경험을 같이 했던 학생들, "경계를 넘어, 미래로" 줄기차게 나아가고 있는 자유전공학부의 구성원들, 그리고 원고를 이렇게 예쁜 책으로 만들어주신 서울대학교출판문화원 등 관계자 모두에게 심심한 감사를 표한다.

2014년 10월, 눈부시게 아름다운 가을날

한경구

자유전공학부장

머리말

생명을 보는 세 개의 시선

"생명은 기계론적으로 설명 가능하다" "생명을 환원주의적으로 이해하는 데에는 한계가 있다" 만일 한 수업에서 교수들이 이런 모순되는 주장들을 동시에 하고 있다면 학생들의 반응은 어떨까? 어쩌면 멘붕에 빠질 수도 있다. 아니면 혼란을 극복하고 제3의 입장을 찾기 위해 노력할지도 모른다. 물론 흔한 교실 풍경은 아니다. 하지만 서울대학교 자유전공학부가 자랑하는 〈주제탐구세미나 1〉에서는 그리 놀랄 만한 사건이 아니다. 지난 6년 동안 매 봄 학기에 신입생들을 대상으로 개설되었던 이 세미나는 하나의 주제에 대해 다양한 전공의 교수 3명(그리고 조교 3명)과 신입생 60명(토론은 20명씩 세 반으로 나뉨)이 함께 만들어왔던 특이한 수업이다. 이 수업들에서 우리는 다양한 시각과 가치의 충돌을 숱하게 경험해왔다.

이런 식의 실험적 고비용 수업을 진행했던 이유는 분명하다. 첫째, 대학에 갓 들어온 학생들에게 입시 공부가 아닌 진짜 공부를 맛보도록 하기 위해서이다. 진짜 공부란 무엇인가? 자신들이 풀고자 하는 문제들을 스스로 발굴하고 관련 분야의 다양한 지식을 총동원하여 그것들을 창의적으로 해결하는 것이리라. 교수들은 우리 학생들이 이런 식의 공부를 해오지 못했다고 판단했다. 둘째, 지식은 논쟁임을 보여주기 위해서이다. 한 주제에 대해 여러 분야의 지식들이 동원되다 보면 어쩔 수 없이 이견을 만나게 되고 때로는 논쟁을 피할 수 없게 된다. 이것이 살아있는 지식의 진면목이다. 반면 우리 학생들이 그동안 배워온 지식은 교과서에 정리되어 있는 화석화된 요점이었다. 그래서 우리 교수들은 상호 대립되는 내용들을 일부로라도 더 선명하게 제시하려고 노력하기도 했다. 하지만 서로 논쟁하는 척하려 했던 것은 아니다. 우리 교수들 자신도 서로의 다름을 인지하고 치열하게 토론할 수밖에 없었다.

마지막으로 지식은 협력을 통해 발전한다는 것을 우리 학생들이 경험하게끔 하고 싶었다. 우리는 '생명'이라는 주제로 세 명의 교수가 각기 다른 각도에서 강의를 하고 학생들의 토론을 유도했다. 이런 과정을 반복하면서 우리는 학생들이 3~4명으로 구성된 조별 활동을 통해 그간에 배운 지식을 융합하고 그 결과물을 최종적으로 발표하게 하였다. 서로 긴밀하게 협조하지 않으면 좋은 평가를 받을 수 없도록 함으로써, 우리는 학생들이 협력의 어려움과 즐거움을 직접 체험하도록 했다.

이 책은 이 모든 교육 실험을 가능하게 했던 하나의 설계도이다. 이것은 저명한 면역학자이면서 생명철학에도 조예가 깊은 우희종 교수, 미술사와 미술교육을 전공한 김형숙 교수, 그리고 과학철학과 진화학을 공부해온 장대익 교수가 공동으로 기획한 〈주제탐구세미나 1: 생명〉의 강의 내용을 함께 묶은 것이다.

이 책은 한마디로 생명 현상에 대한 학제적 탐구라 할 수 있다. 이 책의 독자들은 자연과학, 인문학, 그리고 예술의 관점에서 생명의 다층적 특성을 맛보게 될 것이다. 중심 질문들은 다음과 같다. '생명이란 무엇인가?' '생명은 어떤 욕망을 가지는가?' '생명 현상은 환원주의적으로 이해 가능한가?' '유전자로 행동을 설명할 수 있는가?' '진화한다는 것은 무엇인가?' '진화는 진보인가?' '시각이미지 속에서 생명, 탄생, 죽음, 부활은 어떻게 재현되는가?' '생명과 관련된 시각 예술은 사회 및 역사와 어떤 관련을 맺는가?' 등이다.

우리 저자들은 매주 이런 질문들을 던지고 자신들의 전공

지식을 동원하여 답하려 했고, 우리 학생들은 매주 새로운 읽기 자료를 읽고 와서 자신의 언어로 각자가 이해한 바를 서로 교환했다. 토론 시간은 늘 부족했는데, 이 책에 학생들과의 토론 내용이 첨가되지 못한 것은 매우 섭섭한 일이다.

아마 어떤 독자들은 이 책에서 생명이라는 주제에 대한 거의 모든 것을 기대할지 모른다. 물론 이 책은 그렇지 못하다. 여기서는 주로 생물학, 철학, 예술의 관점에서 생명이 주로 논의되었고(물론 이 경우에도 이들 분야의 모든 논의가 포함되었다고 할 수도 없지만), 생명과 밀접히 연관되어 있는 물리학, 사회학, 종교학 등의 관점도 일부 언급되고 있을 뿐이다. 언젠가는 물리학자, 사회학자, 종교학자가 똑같은 '생명'이라는 주제로 또 다른 수업을 할 수도 있을 것이다. 즉, 우리는 이 책이 '생명'이라는 주제를 융합적으로 탐구한 '하나의' 결과물임을 고백할 수밖에 없다.

그럼에도 우리는 이 책의 독자들이 생명에 대한 다양한 관점을 얻을 수 있을 것이라고 믿는다. 예컨대 생명에 대한 환원주의와 창발론, 진화에 대한 점진론과 도약론, 생명의 시각 예술적 재현에 대한 동서양의 차이를 비롯하여 이 책에 등장하는 대조적인 관점은 다양하다. 우선, 이런 다양성을 맛보는 것 자체가 획일적 지식을 강요받아온 우리 어린 학생들에게 큰 충격이 될 수도 있을 것이다.

하지만 이런 다양한 시각과 가치를 최종적으로 엮고 종합하는 작업은 독자들의 몫이다. 우리 저자들은 여기서 이것을 열린 문제로 남겨두었다. 그런 의미에서 "교수님들은 각자 자신의 주장을 얘기할 뿐 서로 융합하지 않았다. 융합은 우리의 몫이었고 결국 우리가 해냈다"라는 어느 학생의 볼멘소리는 역설적으로 우리 수업의 의미를 되새기게 하는 고백으로 들린다. 독자들이 이 책에서 생명에 관한 다양한 시각을 즐길 수만 있다면 우리의 작업은 성공이리라.

저자들을 대신하여 장대익 씀

2014년 10월

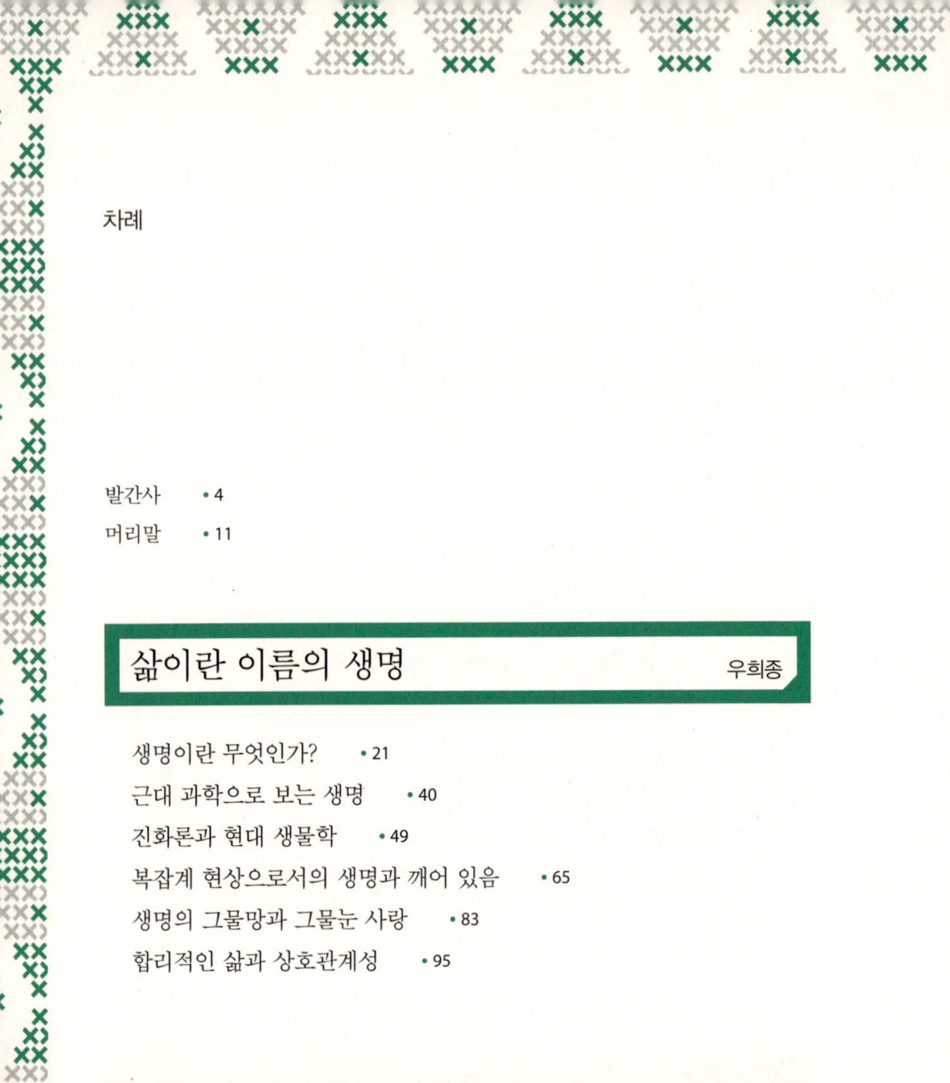

차례

시각문화에 재현된 생명

김형숙

삶이란
이름의
생명
우희종

우희종

서울대학교 수의학과를 졸업하고 도쿄대학교 약학부의 생명약학 협동과정에서 석사와 박사 학위를 받았다. 이후 미국 펜실베이니아주립대 의과대학과 하버드 의과대학에서 연구 생활을 하였고, 현재 서울대학교 수의학과 교수로 재직하고 있다. 주 전공은 면역학이며, 학제 간 연구에 깊은 관심을 지니고 있다. 학문은 기본적으로 '종합적이고 복합적인 인간의 삶'을 다룬다는 점에서 과학기술사회학을 비롯한 분과학문의 통합적 소통을 시도하고 있기도 하다. 주요 관심사는 생명의 다양성과 더불어 삶을 통해 나타나는 생의 의미를 이해하는 것이며, 이를 위해 생명과학과 철학, 사회학뿐 아니라 다양한 종교적 체험도 공부에 적용하고 있다. 특히 분과학문 간이거나 학문과 종교 간의 대화와 소통을 위해서는 상대 분야가 지닌 '암묵지(tacit knowledge)'에 대한 이해가 전제되어야 한다고 믿고 있으며, 주위의 소외되거나 억압된 생명을 위한 삶의 자세가 체화될 때야말로 비로소 진정한 '일상생활 속의 참여'가 가능할 것이라고 생각한다. 저서로 『생명과학과 선』 『붓다와 다윈이 만난다면』 『죽음, 삶의 끝인가 새로운 시작인가』 『나, 버릴 것인가 찾을 것인가』 등이 있다.

생명이란 무엇인가?

하나의 질문에 답이 하나만 있는 것은 아니다. 생명이란 무엇인가라는 질문 역시 마찬가지다. 이 질문은 다양한 계층적 함의를 지니고 있기에, 지구상에 존재하는 수많은 생명체에 대한 보편적이고 유물적인 기술은 할 수 있을지 몰라도, 낱개의 존재로 표현되는 생명의 진정한 의미를 담고 있는 답을 하기란 그리 쉽지 않다. 하지만 생명체의 모습은 그것이 영위하는 삶으로서 표현되며 이를 바탕으로 규정될 수 있다. 그런 의미에서 생명은 삶을 전제로 하고 있으며, 삶이란 생명체의 구체적 체험의 장이기에 삶의 자세와 무관하게 생명을 논의하는 것은 한계를 지닌다. 다시 말하여 기계론적 관점을 넘어 생명을 본질적이고 통합적으로 이해하기 위해서는, 삶을 바라보지 않으면 안 되며, 또한 삶이란 주변 환경을 전제하고 있기 때문에 사회적 맥락과 상황에 대한 이해가 필요하다.

우리가 살고 있는 21세기 한국 사회는 과학문명과 신자유주의로 대표되는 금융자본주의 시대에 속해 있다. 다양한 유형의 자본주의가 있지만 기본적으로 18세기 중엽 영국에서 시작된 기술혁신과 이에 수반하여 일어난 사회·경제 구조의 변혁을 바탕으로 하고 있고, 이는 17세기에 시작된 합리적 이성과 이에 바탕을 둔 근대 과학기술의 발전과 무관하지 않다. 과학문명과 자본주의라는 두 개의 큰 축으로 21세기가 진행되고 있다면 이러한 시대를 살아가야만 하는 생명으로서의 우리의 모습은 과연 어떠해야 할 것인가. 길어야 3, 4백 년 역사 속에 기계론적 시각을 지닌 과학문명, 그리고 지난 1970년대에 그 모습을 드러낸 신자유주의 속에 규정되고 있는 삶의 현장에서 그 답을 구할 필요가 있다.

그런 면에서 21세기에 들어와도 여전히 합리적 세계가 오지 않고 비록 형태는 달라졌지만 물리적 폭력이 여전한 전근대적 상황이 지속되고 있다는 것은 과연 우리가 믿고 있는 합리성이란 무엇인지 질문을 던지지 않을 수 없다. 이 지점에서 '합리적 사유와 주체적인 삶의 중요성'이 등장한다. 마이클 샌들이 '정의란 무엇인가'를 질문했다면, 그 질문은 '삶에서 합리적 선택이란 무엇인가'라는 질문으로 대체할 수 있으며, 결국 이는 '생명을 규정하는 삶에서 합리성이란 무엇인가'로 귀결될 수 있다. 나름대로 합리적 선택을 하며 진화하는 생명을 이해하기 위해서는 합리성에 대한 통합적 검토가 요구된다.

거대담론으로는 알 수 없는 뭇 생명체들

생명을 구체적으로 이야기하기 위해서는 우선 용어의 정리가 필요하다. 생명과학, 생명조작 등과 같은 말에서 나타나듯 우리는 종종 그 개념을 혼용하여 사용하지만 생명과 생명체는 엄연히 다르다. 생명체는 생명 현상을 지닌 물체이며, 생명이란 다른 말로 길[道], 진리, 불성(佛性), 영성(靈性), 본래면목(本來面目), 자성, 한마음 등으로 불리며, 어떻게 보면 '모든 존재의 근원'을 지칭하는 말이 된다. 우리는 생명체에 대하여 이야기할 수 있을지는 몰라도 생명, 그 자체는 우리의 사유와 언어의 범위를 넘어선다.* 따라서 우리가 흔히 던지는 '생명이란 무엇인가'라는 질문을 좀 더 정확히 다시 한다면 '생명체란 무엇인가'가 된다.

한편, 생명체를 생명 현상을 지닌 물체(줄여서 말하면 생물, 생체)라고 말한다면 여기서 중요한 것은 '생명 현상이란 무엇인가'라는 질문이 된다. 관찰하는 자의 주관적 입장에 따라 관찰되는 대상이 달리 보임을 인정한다면** 생명 현상에 대한 답에 따라서 그 특정인의 생명관이 나타나게 된다.

* 우리에게 생명 그 자체를 지칭하는 말로는 진리, 길[道], 법, 마음 등의 단어가 있겠지만, 결국 생명/진리가 무엇이냐라고 질문할 때 한마디로 말하기는 어렵다. 유마거사와 예수처럼 침묵하거나 달마 대사처럼 '알지 못한다[不識]'로 표현할 수밖에 없으며, 혹은 조직신학자인 파울 틸리히(Paul Tillich)처럼 'the Being Itself' 혹은 'the Ground of Being'으로 표현하는 것이 그나마 최선일 것이다. 첨단과학의 대상도 생명체일 뿐이지 생명을 다루는 것은 아니기에 이 글에서의 생명이란 표현도 대부분 생명 현상 내지 생명체를 가리키고 있으나 관례상 엄격히 구분해서 사용하지는 않기로 한다.

** 우리의 문화적 믿음 구조에 의해 대상의 의미와 가치가 결정된다는 것 역시 불교적 견해와 다르지 않다. J. Bruner, *Acts of Meaning*, Harvard University Press, 1990, pp.67-97. 믿음에 불과한 사실과 진실의 차이는 이 글의 후반부 참조.

모든 생명체는 겨우 150개도 안 되는 화학원소로 이루어져 있다. 그럼에도 최소한 인간만 해도 각기 다른 70억이 넘는 인구가 존재하며, 더 나아가 동물, 식물, 미생물, 플랑크톤 등 자신만의 생멸을 지니고 존재하는 셀 수도 없이 많은 생명체가 지구를 뒤덮고 있다. 이러한 생명 현상을 이해하기 위하여 보편성을 추구하는 서양의 합리적 이성에 근거하여 근대 과학은 '생명이란 무엇인가?' 혹은 '나는 누구인가?'라는 식의 질문을 던져왔다. 그동안 이 질문은 생물학자뿐만 아니라 물리학자이면서도 철학과 생물학에도 관심이 많았던 슈뢰딩거(Erwin Schrödinger)의 60여 년 전 통찰로부터[1] 다양한 분야의 전공자 및 베르그송(Henri Bergson)과 들뢰즈(Gilles Deleuze) 같은 철학자에 이르기까지 많은 이들이 논의해왔다. 생명의 특성을 호흡, 배설과 같은 생리학적 측면, 유전자에 의한 정보 전달계로서의 측면, 좀 더 넓은 관점에서의 열역학 측면 등 매우 다양한 관점에서 논의해왔다.[2]

생명체에 대한 현대 과학에서의 일반적인 정의는 생명체는 물질적 형태를 지니고 항상성을 유지하기 위한 대사 작용, 자기복제, 그리고 진화하는 특징을 지니는 것으로 정의한다. 하지만 이는 지극히 물질적인 관점에서의 정의이며, 현대 생명과학이나 의학에서는 생명체를 물질적 기계로서 바라본다.[3] 이처럼 현재 생명에 대한 정의는 근대의 합리적 이성에 근거하여 철저히 유물적이고 동시에 기계론적 관점에서 이루어지고 있으며, 그와 같은 맥락에서 첨단 생명과학도 생명체에 대해 분석적이고

환원주의적인 관점에서 접근하고 있다.[4]

하지만 이러한 활발한 논의에도 불구하고 여전히 우리에게 그다지 와닿는 답이 없는 것은 그러한 질문이 보편성을 전제로 한 전형적인 거대담론(meta-discourse)의 방식을 벗어나지 못했기 때문이다. 주변 환경과 긴밀한 관계 속에서 구체적 실체 없이 다양한 형태의 존재 및 삶의 형태로 나타나는 뭇 생명체는 보편성을 찾는 거대담론의 방식으로는 접근하기 어렵다. 보편적인 개념으로 생명체를 설명하는 관점에서의 생명의 존엄성이란 그저 나와 같은 인간이기 때문에, 또는 나와 같은 생명체이기 때문에 존중해야 한다는 식의 결론밖에 나올 수 없다. 그렇기 때문에 그런 거대담론 식의 질문들이란 생명 현상의 특징이나 이로부터의 생명의 소중함과 존중에 대한 근거 제시에 별로 도움이 되지 못한다.

개체의 고유성과 창발성 인간을 포함한 생명체의 모습이 단순한 물질의 모음이 아니라면 물질적 측면만이 아니라 생명체 고유의 모습이라고 생각되는 또 다른 면에서 바라볼 수도 있다.* 자연계의 일부로서 무기물질과 구분되는 생명체의 대표적 속성을 생각해보면, 우선 지구상의 수많은 생명체가 보여주고 있는 놀라운 다양성과 더불어, 그것

* 생명체란 보고 느끼며 표현하는 존재라고 정의할 수도 있다. 서울대학교 미술대학 김정희 (개인 교신).

이 본능에 의하건 의지에 의하건, 생명체가 지니고 있는 자유로움이다. 이러한 특성을 고려할 때 생명체의 특징으로 가장 대표적인 것은 다양성의 근간이 되는 개체고유성(individuality)과 개방성(openness)이다.[5] 이러한 생명체의 개체고유성과 개방성이라는 대표적인 두 특성은 내부에서 발아되어 분리되어 생각될 수 없고 서로 연관되어 있다.[6]

따라서 생명이나 생명체의 개념은 권력이나 성과 같이 거대 담론으로 부풀려져 우리의 삶으로부터 분리된 관념적 개념이 아니라 보다 미시적인 접근을 통하여 그 구조와 일상성을 명확히 보여준 푸코의 방식으로 접근할 필요가 있다.[7] 뭇 생명체나 개인 한 사람 한 사람이 그 누구도 대신할 수 없는 자기만의 고유성인 개체고유성을 지니고 있기 때문에 그 점을 간과해서는 그 어떤 보편적 접근도 성공할 수 없다.[8] 다행히 21세기에 들어와 기존의 근대 과학으로 설명하기 어려웠던 각 개인의 몸과 마음의 고유성은 복잡계 과학의 등장으로 어느 정도 접근되고 있다. 또한 복잡계 과학과 진화와 개체발생이라는 미시적 연구에 바탕을 둔 진화발생생물학 및 후성유전학의 발전으로 점차 명확해진 것은 각 개체의 고유성은 사회생물학의 관점과는 달리 단순한 물질인 유전자의 형태로 환원되기 어렵다는 것이다. 또한 개체고유성이야말로 집단 내의 다양성을 의미하는 것이고, 그 다양성의 방식은 그대로 고유성의 기반이 된다. 즉 생명체의 고유성과 다양성은 동전의 양면이다.

생명의 역사성: 시간의 흔적을 담아 연결된

각각의 생명체가 있기 위해서는 그들의 부모가 있고, 또 그 부모의 앞선 부모가 있어야 한다. 이렇듯 거슬러올라가 보면 생명체의 시발(始發)은 언제부터라고 말할 수 있을까? 어쨌든 오늘 이 자리에서 생명체가 있기 위해서는 과거 이 우주가 시작된 시점까지 거슬러 올라갈 수 있을 것이고, 현대 천체물리학이 말하듯 약 150억 년 전의 우주 대폭발(Big Bang) 시점까지 거슬러 올라갈 수 있다.(그림 1) 물론 이러한 계산은 현재 인간이 지닌 지식의 한계 내에서 산출된 것이므로 앞으로 얼마든지 변경될 수는 있겠지만, 지금 이 자리에 나름대로 고유한 개체로서 존재하기 위해서는 최소한 현재의 우주 시작과 더불어 비롯되어 그 이후 면면히 내려온 지속성(연속성)을 나타내는 그 무엇이 있다.[9]

『시간의 역사』에서 스티븐 호킹 박사가 말하듯이 우주 대폭발 이전을 인간이 논할 수 없다면 최소한 우리는 모두 약 150억 살의 나이를 지니고 있는 셈이다. 물론 이것은 인간뿐만 아니라 지구상의 모든 생물체에 해당된다. 모든 생명체는 태어나서 일정 기간 지구상에 존재하다가 소멸되듯이 이렇게 죽음이 전제된 유한한 내가 지금 이 자리에 있기 위해서는 이토록 긴 시간의 누적이라는 생명의 역사성이 전제되어 있다는 것은 많은 것을 말해준다.

현대 생물학은 생명체가 진화해왔음을 밝히고 있다. 생명체의 진화는 다윈에 의해 처음 제시되었지만 이미 유전자 수준에

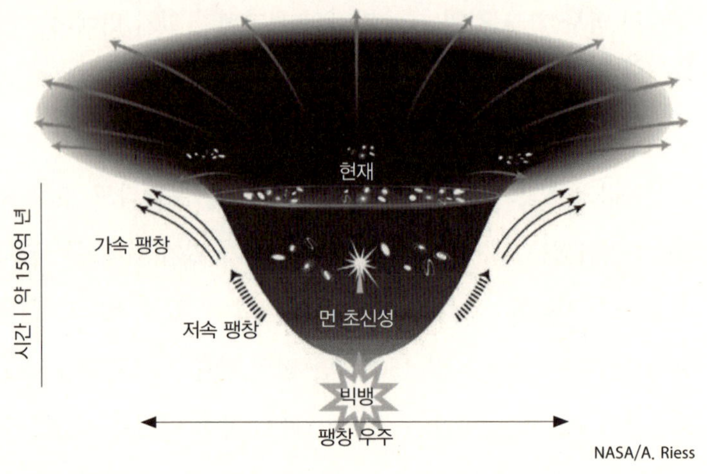

● 그림 1 우주와 시간의 탄생
약 150억 년 전에 우주 대폭발로 현재의 우주와 시간이 탄생했다고 한다. 지구는 지금으로부터 약 45억 년 전에 형성되었다고 한다.

서 그 진화 과정이 증명되어 있음을 고려할 때 '각 개체가 지닌 시간의 누적'이란 진화의 또 다른 표현이며, 또한 내가 지금 이 자리에 있기 위해서 과거로부터 스스로 '나'라고 생각하던 각 개체의 죽음과 탄생이 반복되어왔음을 고려한다면 진화와 반복은 동시 진행되는 것임을 알 수 있다. 탄생과 죽음이라는 개체의 반복 과정 없이 진화는 성립하지 않는다. 반복을 통해서만 진화가 이루어진다.

그런데 진화라는 과정은 다윈 당시 제시된 것처럼 지금도 여전히 일반적으로 생각되듯 최선의 상태로 발전하는 과정이 아니다. 이러한 고전적 진화의 개념은 과거 헤겔 철학의 관점처럼 현재보다는 좀 더 바람직한 상태로의 진전을 의미하지만, 현대 생물학적 관점에서 보면 진화 과정에는 목적성이나 의도성이 개입되지 못하며, 단지 그것은 결과물로서 인간에게 그렇게 보일 뿐이다.

이렇게 생명체 안에 자리 잡고 있는 역사성은 각 존재의 현재 모습에 반영되어 있으며 또한 앞으로의 모습에 반영될 것이다. 비록 현존하는 생명체와 앞으로 존재할 미래의 생명체는 시간의 흔적을 담고 연결되어 있다. 이 점을 쉽게 이야기한다면 젖먹이 때의 나와 지금의 나는 나를 구성하고 있는 세포들은 대부분 새로 만들어져 다르고 형태도 달라졌지만 분명 동일한 '나'로 인식된다. 더 나아가 나는 나라는 개체로 말미암아 존재하게 되는 내 후손에게 시간을 담아 연결하는 역할을 하고 있는 셈이다. 우리 모두 개체로서의 나로 존재하기 위해 자신 안에 담고 있는 150억 년의 역사성이라는 시간 누적의 또 다른 이름으로 말할 수 있는 과거 현재 미래로 이어지는 관계성 외에 다름 아니다. 과거에 일어났던 일이 생명체의 현재를 정하고 있으므로, 나는 이미 발생한 것에 의해 제한되는 것처럼 과거는 미래에 영향을 미친다. 나의 몸은 고대 조상 때 사용했던 분자들이나 기관들을 활용하고 있다. 살펴보면 이렇게 삶은 나에게 전해진 것들로 꾸며져 있다.

한편, 이러한 진화를 수반한 시간의 관계성은 차이를 만들어 낸다. 시작 때의 작은 차이는 시간의 축을 따라 흘러가면서 매우 커지게 되어 나타난 결과물을 바라볼 때 출발에서의 유사성을 전혀 짐작하기 어렵게 만드는 경우를 쉽게 찾아볼 수 있다. 하지만 이렇게 '나'라고 하는 존재가 본질적으로 내재할 수밖에 없는 나만의 고유성은 역사라는 시간의 관계성에서 오는 것이기 때문에 어쩌면 나라고 하는 것은 현재의 개체인 나뿐만 아니라 과거로부터 오늘의 나를 있게 한 모든 과거 시간 속의 개체들이 모인 또 다른 집합적 나이기도 하다.

공간의 관계성: 시간과 공간의 교차점에서 열린 '관계'로 존재하다

현존하는 나는 커다란 우주 공간에 있는 지구상의 자연 생태계 내에 존재하면서 인간이라는 종(species)에 속하면서 국가와 사회의 여러 집단에 걸쳐 속해 있기 때문에 그 누구건 사람은 사회적 동물로서 생태, 사회, 집단 내의 관계로 규정된다. 또 마음속에서 다양한 심리적 관계가 펼쳐지고 있는 나 자신만 보더라도 내 몸은 뇌, 심장, 간장, 신장 등 각종 장기 간의 관계로 이루어져 있다. 또 각 장기는 그 장기를 이루고 있는 세포들로 이루어져 있으며 세포 또한 세포내 소기관인 핵, 미토콘드리아, 소포체 등 여러 세포내 소기관으로 이루어져 있고, 더 나아가 이들은 단백질, 핵산, 지질 등의 물질이다. 이러한 물질을 더 세분해본다면 탄소, 수소, 질소 등이겠고, 이것들을 이루고 있는 분자, 원자는 더 나아가 소립자, 그리고 강하고 약한 인력과 척력 등으로까지 환원될 수 있다.

나와 너를 이루고 있는 관계를 끊고 들어가 보면, 보고, 듣고, 느끼고, 사랑하고, 미워하고, 싸우며 그토록 확실하다고 생

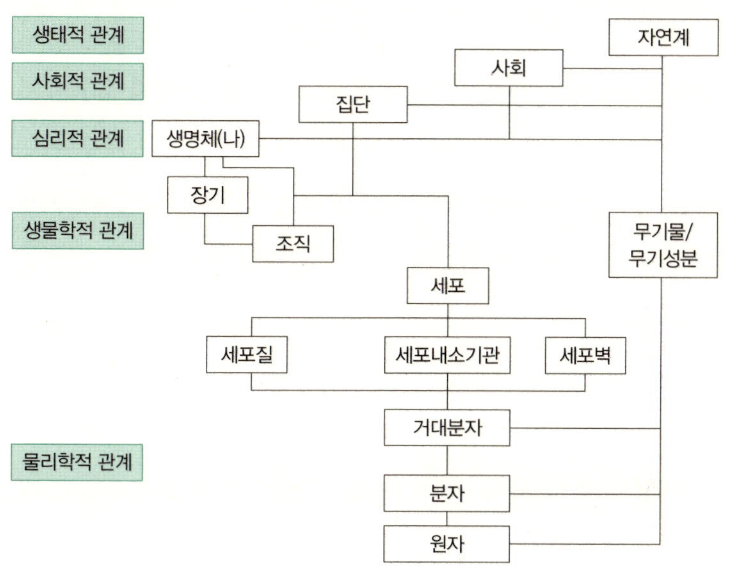

● 그림 2 개체로서의 생명체가 보여주는 관계의 중층구조[10]

각되던 나라는 존재나 너와 나의 삶이 단지 이렇게 관계에 의거하여 나타날 뿐이라는 것은 나를 포함한 이 세상의 모든 존재가 구체적 실체가 아니라 그저 관계로만 이루어진 것임을 부정할 수 없다.

그러나 거꾸로 구성 요소들 간의 관계를 맺어보면, 지금 나라는 존재는 자연계 내의 무기물에서 원자·분자가 구성되고, 이것이 모여서 세포가 된 뒤에 조직·장기·생명체가 되는 과정을 거쳐 그 생명체가 가족과 집단을 만들어 사회적 관계를 맺고 자연계를 이루고 있는 과정 중에 나타난 결과이다. 결국 건강한 내 몸뿐만 아니라 우리가 보고 듣고 느끼는 이 모든 것은 주위와의 열린 '관계' 속에서 빚어져서 각자 고유한 모습으로 다양하게 나타나게 된다. 생명체가 지니는 개체고유성이라는 것도, 그 누구도 대신할 수 없는 존재인 나라는 존재도 모두 이런 관계 속에서 가능하다. 결국 모든 존재는 본래부터 실재하기보다는 오직 관계에 의존하여 각각의 존재가 총체적으로 어우러진 '생태적 세계'를 연출하는 것이고, 각각의 생명체는 티끌보다 작은 소립자의 세계로부터 비롯되어 만들어진 또 하나의 작은 우주가 된다.

따라서 모든 생명체가 그러하듯 지금 이 자리에서 보고 듣고 느끼며 살아있는 존재로서의 나는 '지금 이 자리라는 시간과 공간의 교차점에서 총체적이고 열린 관계로서 존재'한다.[11] 내가 시간과 공간에 제약을 받고 있으며 시간과 공간에 의존해 있다는 것은 나라는 고유성이 시간과 공간의 관점에서 바라볼 수 있다는 것이다. 또한 시간과 공간 속의 관계라는 것이 몸이라는 물질적 터전 속에서 체화(体化)되어 나타나기에 이를 물질적 관점에서 다루는 면역학과 신경과학적 관점에서의 '나'를 살펴보는 것도 필요하다. 물론 현대 과학에서 본격적으로 '나'를 다루는 것은 면역학과 신경과학이지만 그 바탕에는 시간의 누적을 통한 진화라는 이보디보(evo-devo; Evolutionary Developmetal Biology)적 현상이 통합적으로 같이 고려되어야 함을 의미한다.

개체고유성의 기원은 '생의 의지'임을

사람과 동물은 생명체이다. 생명체의 특징으로서 가장 대표적인 것은 다양성의 근간이 되는 개체고유성이다. 여기서 개체라는 것은 물질에 의거한 자기만의 형태(form)를 지니고 주위와 구별되는 경계를 지니는 것을 의미한다. 이러한 개체가 지니는 고유성을 불교 용어로 표현한다면 아상(我相)이 될 것이며, 불교에서는 버리고 극복해야 할 망상으로서 이야기되지만, 분명한 것은 이러한 개체고유성이야말로 각각의 생명체가 지니는 본질적 특성이며 자기(self)라고 불리는 자아정체성의 터전이 된다. 더욱이 독자적인 다양한[12] '개체고유성'이 어우러져 나타날 때 건강한 생태계가 형성되며, 또한 생태계는 특정 종(species)들이 계통발생을 통해 발현하는 '종간고유성'을 바탕으로 구성된다.

생명체의 자아정체성을 이루고 있는 개체고유성의 기원은 '욕망'이다. 생명체가 스스로를 유지하기 위해 발현하는 자발적 욕망이라고 말할 수도 있고, 프랑스 철학자 베르그송의 표현처럼 '생의 의지'라고도 표현할 수 있지만 모든 생명체의 개체고유성은 결국 그러한 욕망의 집합이며, 이것은 자아를 이루는 터전이 된다. 생명체는 수정된 순간부터 개체 발생을 향한 방향성을 지니며 이것은 마치 태어난 신생아가 의식 없이 모유를 향해 움직이는 동작을 보이듯 내적 방향성으로서의 넓은 의미의 욕망이다. 그렇다면 다양한 생명체가 어우러지고 종(species)의 어우러짐인 생태계의 모습 역시 각 개체적 욕망의 집합으로서 전 지구적 차원의 욕망이 발현된 것이라고 볼 수 있다. 결국 각 생명체나 생태계, 이 모두는 욕망 그 자체이다.

한편, 동물이나 사람은 탄생을 통해 비로소 독자적인 개체로서 이 세상에 존재하며,* 출생한 시점부터 자신의 힘으로 자신을 외부로부터 보호, 유지하기 위해 먹고 마시며 면역 기능을 발달시킨다. 또한 이 순간부터 외부와의 관계를 통해서 학습이라는 형태로 자의식을 형성해간다. 뇌가 중심이 된 자의식이라는 정신적 자기의 물질적 근거가 되는 것은 중추신경계가 담당하지만, 동시에 육체적 자기를 규정하는 기능은 전신에 분포된 면역계가 담당하게 된다.

즉, 생명체의 형태를 만들고 있는 물질 차원에서 보면 생명 현상으로서의 개체고유성은 신경계와 면역계에 의해 뒷받침되고 있다. 따라서 일반적으로 정신과 육체로 이루어져 있다고 말해지는 생명체에 있어서 자기라는 것은 편의상 신경계에 의존해서 나타나는 정신적 자기와 면역계로 표현되는 신체적 자기로 구성된다고 말할 수 있다.

반복과 차이로 누적된 시간

각각의 생명체에 있어서 자아를 결정하는 개체고유성이란 출생 후 겪는 주위 환경과의 관계 속에서 스스로 자신의 기억으로 담아가면서 동시에 자신을 변형시키는 되먹임(feedback) 구조를 통해 이루어진다. 이는 기억에 의한 시

* 최근 생명공학의 발달로 배아조작이 가능해짐에 따라 생명윤리와 관련되어 생명체의 시작에 대한 논의가 있지만, 이 글의 주제와는 다르기에 여기서는 일반적 수준에서 이야기를 전개하기로 한다. 또한 자기(自己)와 자아(自我)라는 용어도 엄격한 구분보다는 맥락에 따라 혼용하기로 한다.

간의 누적으로서 가능한 것이며, 이와 같이 개체고유성이 시간의 누적으로 이루어지기 때문에 각 개체 내의 시간의 누적은 동일한 종 안에서의 개체 차이(allotype)로 나타나게 된다.

그러나 개체뿐만 아니라 종 간의 차이도 시간의 누적이라는 동일한 패턴에 의해 나타난다는 것은 매우 흥미로운 점이다. 유물론적 환원론에 근거한 사회생물학자들의 견해로는[13] 한 개체의 존재는 단순한 유전자의 자기확산 과정에 불과할지 모르나* 이들이 간과하는 것은 각 생명체가 보여주는 삶이라고 불리는 열린 관계성이다. 유전자라는 정보는 복제를 통해 생명체의 자손으로 전달되나 생명체가 주위 환경과의 관계 속에서 만들어 간 고유한 삶은 전달되지 못하며 새로 태어난 개체는 그의 선조가 삶에서 겪은 모든 과정을 다시 반복해야 한다.** 유전자의 복제 역시 일종의 반복이며 삶이라는 외부와의 생태적 관계 속에서 영향을 받기 때문에 유전자는 모든 생명 현상의 원인이기도 하지만 동시에 주위 환경에 의한 결과물이기도 하다.[14]

* 유전자로 인간의 사회, 문화적 행위를 설명하고자 한 에드워드 윌슨(Edward Wilson)이나 『이기적 유전자』의 저자로 잘 알려진 리처드 도킨스(Richard Dawkins)의 결정론적 유물론에 대한 반대 입장은 Stephen Jay Gould, 'Evolution: The Pleasures of Pluralism', *New York Review of Books*, 1997, pp.47-52; Richard Levins and Richard Lewontin, *The Dialectical Biologist*, Harvard University Press, 1985, pp.123-127; 리처드 르원틴, 『DNA 독트린』, 김동광 역, 궁리, 2001, 155-186쪽 참조 바람.

** 사회생물학자들의 말처럼 유전자에 모든 것이 담겨 있어 대대손손 진화하면서 누적되어 나타나는 것이 우리의 육체일지는 몰라도 우리 각자의 삶은 결코 단순한 누적이 아니다. 그것은 환경으로부터의 입력이 각인되기 때문이며, 이것을 후성인자(epigenetic factor)라고 부른다.

한편, 생물학적 반복(recapitulation)은 창발적 차이를 수반한다. 반복에 의한 차이는 진화의 기원이 되며,[15] 따라서 생명체란 유전자의 영속적 모습의 단면에 불과하다는 사회생물학자들의 근본 입장에 반하여 반복은 차이를 수반한다는 들뢰즈의 관점처럼 종으로서의 동질성 속에 종속된 개체적 삶의 차이와[16] 끝없이 되풀이되는 삶의 반복성이라는 시간의 누적 속에 나타나는 계통발생적 다양성이야말로 생명 현상의 창발적 측면을 잘 보여주고 있다.

이처럼 특정집단과 각각의 구성원이 보여주는 고유성은 시간을 생각하지 않고는 설명되지 않기 때문에 우선 개체발생(ontology)과 계통발생(phylogeny)의 통합적 접근이 필요하다. 개체발생이 계통발생을 되풀이한다는 것은 이제 일반인에게도 널리 알려진 사실이다. 인간의 수정란에서 시작된 배아의 발생 과정에는 과거 우리 선조가 겪어왔던 시간의 누적이 그대로 나타나 있다.[17]

최근 발생 연구에 있어서 형태학적 연구에만 머물렀던 발생학, 화석에 의존하던 고고학적 진화론 및 생체물질에 담긴 흔적을 이용해 과거를 찾아내는 생체고고학[18] 등에 분자생물학적 접근을 적용한 유전체학(Genomics)을 접목함으로써 통합학문으로서의 가능성을 보여주는 이보디보의 발전은 이러한 시간의 누적에 대하여 많은 통찰을 주고 있다.(그림 3)

이보디보는 진화 과정 중의 각 개체의 발생과 계통발생적 변화와의 관계를 다룬다. 따라서 시간의 누적에 대한 미세 변화

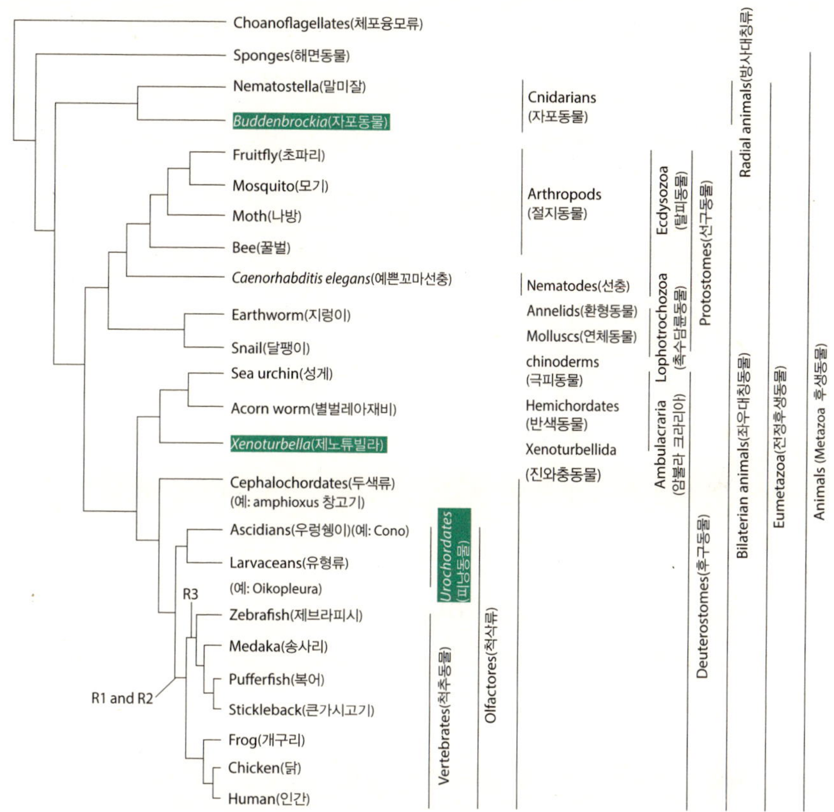

● 그림 3 이보디보로 본 동물의 계통 발생도[19]

가 어떻게 인간과 동물처럼 다양한 형태의 종으로 나타나는가를 밝히고 있다.[20] 결론적으로 이보디보가 말해주는 동물과 인간은 이성, 언어, 도구 사용 등과 같은 표현형(phenotype)에 있어서 매우 큰 차이를 나타내지만 그것은 조절 유전자의 다양한 발현과 더불어 모듈 형식의 진화 양식, 그리고 주위 환경에 의한 후생적인(epigenetic) 영향이 반영되어 이루어진 것이라는 점이다.

이러한 계통발생 과정을 지닌 우리 인간은 자아 발달의 근거를 이루는 신경계와 면역계의 발달에 있어서 자연스럽게 이러한 시간의 누적을 담고 있다. 우선 뇌의 구조를 보면 가장 바깥쪽에 있어서 외피에 해당되는 부위는 사람 특유의 이성적 인지 작용을 담당하고, 그 안쪽에는 감정을 담당하며 이성과 본능의 조절을 담당하는 부위가 뇌간을 둘러싸고 있으며, 가장 깊은 곳에는 계통발생적으로 가장 오래된 파충류에 해당하는 부위가 자리잡고 있어서 생명체의 개체 보존과 종족 보전이라는 가장 기본적인 본능을 수행한다고 알려져 있다.[21] 뇌에는 생명체의 전형적인 시간의 누적이 반영되어 담겨져 있다. 이러한 면에서 다양한 감정과 욕망을 표현하는 동물일수록 뇌의 변화는 크기뿐만 아니라 뇌 주름 증가 등의 공통적인 모습을 바탕으로 다양한 모습을 보여준다.[22]

한편, 뇌뿐만 아니라 신체적 자기를 규정하는 면역계 역시 진화 속에서 시간의 누적을 담고 있다.[23] 따라서 자기를 규정하는 물질적 터전인 면역계 역시 신경계와 마찬가지로 역사성을 지닌다는[24] 것은 당연하면서도 많은 것을 시사한다. 사람이건 동물이건 생명체는 결국 시간이 누적된 결과의 산물이다.

동물의 욕망과 인간의 욕망을 이야기하기 전에 이러한 계통발생적 이해와 더불어 다시 한번 언급해두어야 할 것이 여러 동물과 인간 유전자 구성의 유사성이다. 인간 유전자 연구과제(Human Genome Project, HGP)에 의해 밝혀진 사람의 유전자는 침팬지와 1퍼센트 미만의 차이밖에 없었기에 우리가 생각했던 것처럼 그 차이가 큰 것도 아니었으며, 또 예상했던 인간의 유전자 수도 3분의 1 수준이었고* 곤충에 비해서 그 숫자가 두 배도 안 되었다. 이러한 사실은 인간의 이성이나 언어 사용이라는 동물에 비해 놀라운 차이로 보이는 표현형은 단순히 유전자만으로 설명되기 어렵다는 것을 의미한다.[25]

결국 진화와 발생을 반복하면서 차이를 수반한 반복은 인간을 포함한 생명체에게 무생물과 구분되는 놀라운 다양성과 더불어 그것이 본능(instinct)에 의하건 욕동(drive)에 의하건 생명체에게 자유로움을 선사했다. 그러한 자유로움은 개방성에 근거한 창발 현상(emergence)에 근거하는 것이기 때문에 다양성의 근간이 되는 개체고유성과 개방성이라는 생명체의 대표적인 두 특성은 분리되어 생각할 수 없고 서로 연관되어 있다.

신경계가 다루는 정신적 측면은 사적인 나와 공적인 나, 양쪽을 모두 담당하게 되지만 면역계는 오직 사적인 나만을 다룬다. 그런 면에서 '나'라는 문제의 시발점을 보편적 내가 아닌 개체고유성으로부터 시작한다면 먼저 검토해야 할 것이 면역 현상이며 신체, 즉 생생하게 살아 있는 우리 각자의 육체로부터 시작함이 옳다. 그것이 신체적 인식이건, 정신적 인식이건 인식을 통한 지식이란 본질적으로 육적(肉的)인 것이다. 그런 면에서 동서양을 막론하고 형이상학으로 대변되어온 정신작용이 역사

* 유전자 지도가 밝혀지기 전에는 사람에게서 10만여 개의 유전자를 기대했으나, 2000년대 초 인간의 완성된 유전자 지도를 보면 약 3만여 개에 불과하다.

상 신체에 대하여 우위를 점해왔지만 정신은 물질화되지 않은 신체의 일부에 불과하다고 볼 수 있다. 정신은 신체의존적이기에 일반적으로 인간이 정신과 육체로 이루어졌다고 말하는 것은 부정확하며 차라리 마음과 육체로 이루어졌다고 표현하는 것이 그나마 무난할 것이다.

근대 과학으로 보는 생명

과학이란 무엇인가?

근대 과학은 인간을 포함한 사물의 이치를 탐구하여 지식(knowledge)을 추구한다. 따라서 과학은 사물의 이치인 사리(事理)에 의거하여 사실(fact)을 밝힌다. 이때 사용하는 방식은 반증적 이해를 통한 분석적 환원주의이고, 생명체에 대해서는 기계론적 입장을 취한다. 더욱이 과학 지식에 의한 기술 발전은 생산성과 효율을 높임으로써 인간에게 편리함을 주고 욕망의 만족을 가능하게 하지만, 그 결과 과학기술은 자본주의의 도구로 전락하고 잉여가치의 창출이라는 방향성과 목적을 가지게 된다. 이때 자본주의적 속성과 결합한 맹목적인 과학에 대한 신뢰는 결과적으로 '과학주의'라는 과학의 오만함으로 나타나 생명에 대한 폭력적 모습으로 다가온다. 그런 점에서 이 시대의 과학에 요구되는 것은 과학의 겸손함이며, 과학은 끊임없는 반증을 통한 고유영역의 확대라는 열린 모습임을 잊어서는 안 된다. 또한 이와 같이 열린 과학 행위를 통해 얻은 과학적 결과에 대한 집단 내의 수용 과정에 있어서도 그 사회를 구성하고 있는 다양한 집단의 의견을 겸허하게 받아들여야 함을 의미한다.[26] 과학이 열려 있지 못하고 자신만의 시각에 닫혀 있을 때, 과학이 사회적 맥락과 분리되어 과학자만의 지적 유희로 머무를 때, 과학은 우리에게 다모클레스의 칼*이 된다.[27]

한편, 과학의 속성을 좀 더 쉽게 이해하기 위해서 종교적 관점을 언급해보자. 종교는 진리를 말하며 이를 위한 지혜(wisdom)를 추구한다. 따라서 진리에 의한 진실(truth)이 중요하고 대상에 대해서는 직관과 체험을 통한 총체적인 관계론의 태도를 취한다. 이러한 진리에 대한 체험을 통해 욕망의 비움이나 열린 욕망을 통해서 행복이라는 삶의 의미를 되찾게 한다.[28] 종교 역시 지금 이 자리라는 삶의 현장에서 감사와 나눔이라는 본래의 뜻을 잃어버리고 오염되었을 때, 맹목적이자 매우 비현실적인 모습으로 우리에게 다가온다. 바람직한 종교의 시각을 지니기 위해서는 성직자나 신자 모두 종교의 외형적 틀에 물들지 않고 항상 초심(初心)을 유지한 채 종교가 지니고 있는 도그마적인 부분에 대한 다양한 해석을 수용할 수 있는 유연한 사고가 필요하

* 다모클레스(Damocles)는 디오니시오스 1세의 측근이었던 기원전 4세기 시칠리아의 인물이다. 다모클레스가 디오니시오스에게 행복을 찬양하는 아첨을 하자, 왕은 그를 호화로운 연회에 초대하여 한 올의 말총에 매달린 칼 아래에 앉혔다. 권력자의 운명이 항상 위기와 불안과 함께 있음을 깨닫게 하였다. 이 일화는 로마의 명연설가 키케로에 의해 인용되어 유명해졌고, 그 후 절박한 위험을 뜻하는 '다모클레스의 칼(Sword of Damocles)'이라는 말을 사용하기 시작했다.

다. 따라서 종교 역시 삶의 현장에서 살아 있는 형태가 되기 위해서는 과학과 마찬가지로 열려 있음이 요구된다.

과학, 그 시대의 문화적 편견일지도

과학에서 추구하는 것이 '사실'이고, 종교에서는 '진실'을 다룬다면, 양자가 지닌 속성의 차이를 이해하기 위해서 사실과 진실의 차이에 대한 검토가 필요하다. 사실과 진실이란 많은 부분 겹치겠지만 속성상 큰 차이가 있다. 반드시 사실과 진실이 일치하는 것은 아니다. 그런 면에서 비록 진리란 무엇인지 우리의 사유와 언어의 범위를 넘어서지만, 최소한 진리와 진실이란 시대나 문화를 넘어 항상 우리가 수용할 수 있는 내용이란 점에는 이견이 없다. 그래서 종교 경전은 몇천 년이라는 시간의 간극을 넘어서도 여전히 우리에게 와닿는다.

한편, 주관적 믿음에 바탕을 둔 종교적 모습과는 다르게 일반적으로 객관, 보편적이라고 받아들이는 과학적 사실도 잘 들여다보면 인간이 종교를 믿는 행위와 다르지 않다. 우리가 받아들이는 과학적 사실이라는 것도 과학자가 제시한 결과를 믿는 행위이기 때문이다. 예를 들어 물건이 떨어지는 것은 중력 때문이라는 것과 또 지구가 매우 빠른 속도로 돌고 있다는 것을 의심하는 이는 없다. 하지만 일반인으로서 그 누구도 중력을 연구했거나 지구가 돌고 있다는 것을 체험으로 느낀 이는 없다. 우리는 과학적 사실을 배워서 단지 그렇다고 믿고 있을 뿐이고 그것을 우리는 과학적 사실이라고 받아들인다.* 따라서 사실(facts)

이란 특정 시대와 집단에 있어서 다수의 믿음을 반영할 뿐이며, 시대를 떠나 항상 누구나 인정할 수 있는 진실과 달리 결코 객관적이거나 불변하는 것이 아니다.**

과학적 사실이라는 것은 '과학자 집단 내에서 약속된 규정에 따라' 수행되고 입증되기 때문에[29] 나름대로 공공성을 지니게 될 뿐이다.[30] 그런 점에서 과학 행위를 수행하는 자로서의 과학자 역시 대상에 대한 관찰자로서의 상대적 한계를 지니고 있다. 서양과학이 대상을 이해하는 기본적 방식인 환원주의적 접근이 지니고 있는 방법론적 한계, 더 나아가 과학이란 과학자 집단 내의 약속에 의거하여 이루어지지만 동시에 사회적 가치를 반영하여 구성되는 문화적 행위에 불과함도 이미 현대 과학철학에서 충분히 지적되어 있다.[31]

따라서 과학적 사실이란 행위자에게나 그 결과를 받아들이는 일반인에게나 모두 그 시대의 문화적 모습이며, 시간이 흐르

* 과학은 과정이자 방법(method)에 의한다. 과학자가 제시한 연구 결과에 대하여 우리 사회가 신뢰를 지니고 수용하는 것이기 때문에 과학 행위의 과정은 과학계에서 제시된 규범 내에서 매우 엄격하게 이루어져야 한다. 이 과정 중에 자행하는 연구 부정 행위는 마치 재판정에 조작된 증거를 제출하여 무고한 사람을 죄인이라고 믿게 하여 (무고한 사람이 죄인이라는 것이 사실이 된다) 죽음에 이르게 하는 행위와 같다. 또한 과학의 영역이란 새로운 방법의 등장에 의존해 방법 그 자체가 과학의 본질도 이루게 된다. 근대 과학은 전형적인 환원주의적 방법론에 근거하고 있다.

** 고대에는 지구가 평평하여 바다 멀리 나아가면 떨어져 죽는다고 믿었을 때에는 지구가 평평하다는 것이 사실이었다. 특정 집단 내의 다수가 믿는 것이 사실에 불과한 사례로는 과학적 사실 외에도 사법적 사실도 있다. 사법 판결에 의한 사형집행도 훗날 무고한 것으로 진실이 밝혀지는 것과 같은 맥락이다.

면서 과거의 과학적 사실은 대부분 역사화된다. 현대 서양미술의 출발점을 이루고 있지만 과거 바로크 문화가 이제는 미술사에나 남아 있듯이, 뉴튼의 고전역학도 현대 물리학의 출발점이 되었지만 그의 책은 고전으로서 역사박물관에 남겨질 뿐 누구도 다시 찾지 않는다. 따라서 그동안 과학문명의 제국주의적 속성에 의해 팽배하던 '과학주의'도 과학철학자들에 의하여 일종의 문화임이 밝혀졌고, 과학적 사실이라는 부분에 있어서도 과학사회학자들에 의해 사회구성적 요소가 내포되어 있음이 지적되었기에[32] 과학은 결코 객관적이고 보편적인 실재(reality)를 말할 수 있는 것이 아니다.

그런데 중요한 것은 우리에게 세상은 사실로 구성된다는 점이다. 또한 개념과 언어를 통해 인식되는 사실을 통해 각각의 존재는 제한되어 한계지어진다. 그렇기에 사실과 진실 간의 차이가 빚어내는 층위로 인해 사실과 진실의 간극이 존재할 때 현실에서 힘을 발휘하는 쪽은 진실이 아니라 사실이다. 사실이란 특정 집단이나 문화권에서 구성원 간의 합의된 내용이기 때문이다. 이를 다루는 과학기술사회학(STS)의 관점에서 본다면 과학은 권력과 자본의 영향 속에서 구성되는 속성을 지닌다.[33] 구성된 사실은 힘이자 권력이다. 다시 말하면 그것이 과학적 사실이건, 사법적 사실이건 특정 상황의 진실은 하나지만 그것을 받아들이고 해석하는 데에는 각자의 입장에서 전혀 다르게 재현되어 전달된다는 것이다.[34] 이에 근대 과학이 우리에게 생명을 어떻게 재현하고 있는지 살펴볼 필요가 있다.

왜 우리는 이종장기를 개발해야만 할까?

현대 의학과 첨단 생명공학의 접목으로 수명연장술이 발달하면서 고령화 사회 속에서 장기이식의 필요성은 증가하고 있으며 현재 수요는 공급을 웃돌고 있다. 통계에 따르면 2000년 말 현재 미국에서만 7만 3천 명의 환자가 이식받을 장기를 기다리고 있으며, 이러한 이식 장기의 결핍은 이종(異種) 간의 장기 개발을 생각하게 하는 계기가 되고 있다.[35] 이러한 이종 간의 장기 개발은 전쟁터에서의 급격한 장기 수요를 위해 과거로부터 인간의 장기와 비슷한 동물인 원숭이, 유인원, 돼지 등을 대상으로 많이 연구되어온 분야다.[36] 하지만 생명체의 특징인 개체성을 결정하는 면역 현상에 의한 장기 이식 거부반응(graft-versus-host disease, GVHD)에 의해 성공을 거두지 못하고 있다.[37]

결국 장기 이식에서 가장 큰 어려움은 생명체의 기본 속성인 개체성의 극복이며, 생명체의 개체성은 면역 현상으로 유지되기 때문에 최종적으로 장기 이식에서 극복해야 할 문제는 거부반응이 적은 장기를 얼마나 충분히 공급할 수 있느냐에 있다. 따라서 장기 이식에 대한 수요가 공급을 상회하는 현실에서 여러 윤리적 문제는 있지만 동물의 장기를 활용하고 또 이러한 동물 장기에 대한 면역 거부반응을 줄이고자 인간의 유전자를 이식해 형질을 전환시킨 동물의 장기를 만들어내자는 방향으로 연구가 진행되고 있다. 현재 이러한 목적으로 동물의 체세포 유전자를 분리해 사람의 면역 거부반응의 원인으로 작용하는 유전자를 미리 파괴하고 동시에 사람의 면역억제 유전자를 집어 넣은 후, 이것을 핵을 제거한 난자에 넣어 동물을 복제하는 연구가 일반적이다. 특히 돼지의 장기는 사람의 장기와 크기나 기능이 가장 비슷하고 성장도 비교적 빨라 훌륭한 인공장기 공급원으로 인식되고 있다.

그런데 이종동물 간에는 종간 장벽(species barrier)이 있어 동종 간의 이식보다 더욱 신속하게 면역 거부반응이 일어나며, 그러한 면역 거부반응은 크게 초급성 거부반응, 급성 거부반응, 만성 거부반응으로 나뉘는데 현재는 초급성 면역 거부반응에 관련된 수십 가지의 유전자 중에서 극히 일부의 인자(DAF 및 gal reaction)에 대한 극복이 시도되고 있는 실정이다. 하지만 현재 의학적으로 사람 간의 동종 이식 거부반응에 대한 극복도 충분히 되어 있지 않는 상황을 고려할 때 이와 같이 인간에게 이식 가능한 돼지장기의 개발이란 면역학적 측면에서 볼 때 매우 가능성이 낮은 시도이다.

그러나 현대 사회의 절대적 장기 부족 상황에서 이식 가능한 이종장기의 확보는 많은 수요를 고려할 때 매우 높은 수익을 올릴 수 있을 것으로 예상된다. 현재 국내에는 이러한 목적의 바이오벤처 회사까지 설립되어 있으며, 이러한 상황은 추후 연간 약 600억 달러의 희망찬 이종장기 이식 시장이 열릴 것으로 기대하고 있는 것과도 무관하지 않다.

그러나 생태계 내의 다양한 동물 종은 나름대로 주위 환경과 균형을 이루며 살아가고 있다. 생태계 파괴란 이러한 균형

잡힌 관계를 인위적인 개입에 의해 훼손되는 경우를 말할 것이다. 이종장기 개발은 이러한 생태계 내의 안정된 관계를 인위적으로 교란하는 연구이며, 연구개발에 앞서 반드시 고려해야 할 사항으로 병원체의 동물 종간 장벽과 미생물의 빠른 주위 환경 적응 능력이 있다.

이종장기 개발의 목적이 많은 사람들에게 손쉽게 대량 공급할 수 있다는 점이기에 이러한 연구가 성공하여 사람들이 이식된 돼지장기를 체내에 지니고 일상생활로 되돌아왔을 때 그동안 돼지에게만 가던 병원체가 사람에게 이식된 돼지장기를 감염시킬 수 있는 것은 당연하다. 더욱이 무균돼지로부터의 조직이기에 그만큼 오염되기도 쉬운 상태의 장기인 것이다.

여기서 '이식된 돼지장기에 감염된 돼지의 병원체는 과연 체내의 돼지장기의 기능만을 파괴하고 끝날 것인가' 하는 점이다. 위에서 언급한 바와 같이 생태계 속에 존재하는 각종 생물체 간의 역동적 관계를 조금만이라도 알고 있다면 누구나 예상할 수 있듯이 단순히 그렇게 끝나지는 않는다. 그것이 수백만 년 동안 다양한 지구 환경 속에서 생명체를 살아남게 한 진화의 힘이자, 생명력의 발현 모습이기 때문이다.

결국 사람 체내에 있는 돼지장기에 감염된 돼지 병원체는 항생제 내성균의 사례에서 실증적으로 본 것처럼 이식된 돼지 조직 속에서 대량 증식하면서 새로운 환경인 주위의 인간 조직에 적응할 것이 예상된다. 감염된 모든 동물 병원체가 변이종으로 변하지는 않겠지만, 그러한 감염 환자로부터 단 하나의 변종 세균이나 바이러스가 나오더라도 이렇게 인간 조직에 적응된 동물 병원체는 이제 인간이 지금까지 경험하지 못했던 새로운 동물 병원체로 전환되어 치명적인 신종 인수공통전염병(xenozoonoses)을 우리에게 가져올 수 있다.

이러한 가능성은 지금까지 법정전염병으로 분류되어 국가 차원에서 관리해온 대부분의 치명적인 돼지 질병에 대하여 모두 해당될 수 있는 것이며, 돼지뿐만 아니라 그 어떤 동물장기를 개발한다 해도 마찬가지 상황에 직면할 위험성을 내포한다.

인류에 있어서 질병의 발생 양상은 인간의 생활 문화와 밀접한 관계가 있음은 널리 알려져 있듯이 우리에게 여전히 위협적인 SARS나 MERS의 발생 등도 이와 무관하지 않다. 이종장기 개발이란 인간의 생명 연장이라는 인간만의 관점에서 자연계 내에서 긴 시간을 통해 형성된 안정된 생태계의 연결고리를 인위적으로 파괴하는 상황이며, 그 결과는 우리에게 몇 배나 더 큰 희생을 불러일으킬 수 있다. 동물의 치명적인 법정전염병이 종간 장벽을 넘어 우리에게 올 수 있음을 인정한다면 이런 질병에 전혀 무방비 상태인 인류에게 있어서 극단적으로는 인류 전멸의 상황까지도 생각할 수 있다. 근대 과학의 환원주의적으로 생명을 접근할 때 이는 나무만 보고 숲은 보지 못하는 것과 같다. 이는 서양 근대 과학이 지닌 생득적 한계라고 볼 수 있다.

진화론과 현대 생물학

그렇게 보일 뿐인 진화

다윈에 의해 제시된 진화는 생물학뿐만 아니라 다양한 분야에 영향을 미치게 되는데 그 이유는 그때까지 서양 사회의 일반적 개념이었던 생태계 내에서의 인간이라는 종의 우월성에 상처를 입힌 것 외에도 인문, 사회 및 종교적으로도 다양한 함의를 지니고 있었기 때문이다. 대표적으로는 다윈의 진화론이 갖는 의미가 당시 서구의 아리스토텔레스적인 목적론적 시각에 최종적인 타격을 입혔고, 이와 더불어 당시 프랜시스 베이컨 등에 의하여 어느 정도 확립되어 있던 서구 과학의 귀납적 시각에 대한 재고였다.

다윈의 진화론은 제한된 관찰 속에 제시되었기 때문에 전형적인 귀납적 지식체계에 맞지 않아 과학이 아니라는 비판까지 받았다. 또한 그 시절의 진화(evolution)라는 개념은 결정된 프로그램에 의해 순서에 따라 전개되는 의미를 지니고 있었기에 다윈 자신은 그러한 개념을 받아들일 수 없었으며 따라서 스스로는 진화를 후대에 전달되는 변형(descent with modifications)이라는 식의 표현을 선호했다. 하지만 현대 유전학적 지식이 없던 시절이었기 때문에 다윈이 말하고자 했던 진화의 개념은 일종의 용불용설의 형태로 제시될 수밖에 없었다.

그런 흐름에서 당시 헤겔식의 관점으로 다윈의 진화는 일종의 보다 바람직한 것으로 나아가는 발전의 의미를 지니게 되었지만, 최소한 다윈의 진화론의 중심 개념은 자연선택이었다. 이제 현대 생물학에서 더는 진화의 개념이 발전적인 상태로 변해가는 것을 의미하지는 않지만, 생명체가 진화의 압력 속에서 환경과 맺어가는 적응의 개념인 자연선택은 진화발생생물학, 사회생물학, 진화심리학 등 다양한 형태로 전개된 현대 진화론에서도 변함없이 유지되고 있는 중심 개념이기도 하다. 진화론이 지닌 관계론적이며 적응주의적 시각은 당시의 철학계, 과학계, 그리고 종교계에 영향을 미쳤고 결국 현대의 생태학적 시각에 깊은 영향을 주었다. 또한 출현 당시 충분한 귀납적 증거가 없다는 점에서 비과학적이라고 비난받았던 다윈에 의한 자연 현상에 대한 시각은 최근 주목을 받고 있는 복잡계 과학에 의해 한층 더 구체적인 방식으로 설명이 이루어지고 있다.

한편, 현대 생물학자들 사이에서도 진화의 기작(mechanism)에 대한 논의는 여전히 활발하다. 대표적인 입장으로서 사회생물학과 달리 단속평형설을 주장한 스티븐 제이 굴드와 같은 학자가 있다. 하지만 양쪽 모두 진화론의 주요 개념이자 동전의 양면이라고 볼 수 있는 적자생존과 자연선택이라는 진화적 시각의 요체는 생물체와 주위 환경과의 끊임없는 상호작용이고, 동시에 이러한 상호작용은 역사 속에서 누적되어 진화의 압력으로 작용한다는 것을 의미한다. 이것은 시간에 따른 돌연변이, 선택, 존속이라는 일련의 과정을 말하기 때문에 다윈이 밝힌 생명체의 진화는 관계이자 또한 과거로부터의 긴 시간의 누적이며, 시간의 전개에 따른 창발적(emergence) 적응을 말한다.

또한 여기서 진화에서 중요한 개념인 자연선택은 일종의 적응(adaptation)이지만, 이 적응은 생명체의 목적이나 목표가 아니라 상호작용에 의한 상태, 그 자체이며 동시에 구성적(construction)인[38] 측면을 지닌다.

주어진 조건에서 가장 안정된 형태로 진행하다

최근 신다윈주의를 넘어서서 몸의 진화를 다루는 대표적 과학 분야로서 간단히 '이보디보'라 불리는 진화발생생물학이 있다. 분명히 인간 역시 진화의 과정에서 나타났음은 과학적으로 부정할 수 없지만 진화생물학자들 사이에서도 어떻게 진화가 이루어졌는가에 대한 시각은 다양하며 진화에 대한 해석 역시 다양하다. 하지만 대부분 그렇듯이 그렇게 다양한 해석이 있는 것은 동일한 현상에 대하여 어느 측면을 주로 강조하는가에 의해 생겨나는 경우가 많다. 분명한 것은 진화는 일종의 질서 잡힌 상태로 전해오는 것이고 따라서 이것은 일종의 정보(information)이다. 시간의 축적에 따라 더 많은 정보를 축적하게 되므로 진화는 더욱더 복잡해지는 양상을 띠게 된다.

그러나 이러한 정보는 진화하는 개체만으로 이루어지는 것이 아니라 주위 환경과 같이 더불어 유지되고 나타나는 정보이다. 따라서 환경과 몸은 같이 진화하며, 그렇기 때문에 몸은 특정 목적이나 목표를 향해 진화하는 것이 아니라 진화의 압력에 의해 밀려간다. 이렇게 생명체가 진화의 압력에 따라 밀려간다는 것은 진화의 산물이라고 할 수 있는 인간이 이 세상의 모양을 결정할 수 있다고 주장하면서 인간의 우수성이나 우월성을 말하는 것과는 거리가 있다. 다윈도 자신의 글에는 생명체의 구성을 묘사하는 데서 '더 우월하'거나 '열등한'이라는 표현은 사용하지 않았음은 중요하다.

진화는 유전자 수준에서도 확인되기 때문에 단순한 유전자의 돌연변이로 인해 진화가 이루어진다고 생각하는 과거의 입장과는 달리 진화발생생물학이라는 현대 생물학의 한 분야에서 분명히 말하고 밝힌 것은 진화는 일종의 변주곡의 형태로써 생명체의 유전자가 전체가 아닌 부분적 기능 단위(module)로 변환 내지 치환되면서 놀라운 다양성을 가져왔음을 보여주고 있다.

그런데 다윈 당시 논의되었던 것처럼 진화라는 과정은 일반적으로 생각되듯 최선의 상태로 발전하는 과정이 아니었으나, 다윈의 사촌인 프랜시스 골턴(Francis Galton)에 의해 최선과 진보라는 개념이 추가되고 강조되면서 후에 우생학적 기반을 만들었다. 하지만 현대 생물학적 관점에서 보면 진화 과정에는 목적성이나 의도성이 개입되지 못하며, 단지 그것은 결과적으로 그렇게 보일 뿐이다. 진화를 통한 변화는 주위 환경에 대하여 스스로를 존속 가능하게 하기 때문에 안정적이지만, 동시에 주위에 적응하여 변화하기 때문에 진보한다. 발생한 변화를 통해 한때는 불안정한 종과 개체이지만, 시간의 경과에 따라서 안정화되어 일반적으로 변하고, 이와 같은 방식을 통해 생명체는 시간이라는 역사성 속에서 선택되어 변형되고 진화한다. 따라서 진화는 '주어진 조건에서 가장 안정된 형태로 진행되는 것뿐'이며, 이것은 가장 좋은 결과를 향해 변화하는 것을 의미하지는 않는다. 그것은 최선의 상태가 아닌 좀 더 복잡한 상태로의 변화로써 특정 집단이나 개체의 진화가 다른 경로의 진화를 걷고 있는 집단이나 개체에 대한 우열을 말하는 것이 아니다.[39]

현대 진화론의 한 주류인 사회생물학은 1970년대에 호전적인 개미 연구를 기반으로 에드워드 윌슨(E. Wilson)이 주창하였고, 그는 인간의 본성을 이해하는 데 사회생물학적 방법론이 가장 중요한 역할을 할 것으로 보았다. 사회생물학자들은 모든 인문사회과학이 생물학으로 설명될 것으로 생각하고 있으며, 따라서 인간의 몸과 마음은 유전자의 자기증식과 확산을 위한 담지체에 불과하다고 본다. 이들에 따르면 인간 문화나 사회적 삶도 유전자에 의해 발현된 또 다른 표현형에 불과하다. 결국 사회생물학이 취하고 있는 생명에 대한 유전자실체론은 생명체가 지닌 생명 현상을 유전자들의 발현 결과로 보며, 따라서 모든 생명 현상은 유전자로 환원시켜 설명될 수 있다고 본다.[40]

이와 같이 사회생물학은 생명체의 가장 근본적인 본질이 유전자에 있으며 인간이 만든 문명이나 문화 역시 유전자의 작용에 불과하다고 간주하지만, 사회생물학자들은 자신들의 주장이 유전자결정론으로 규정되는 것에는 매우 강한 거부감을 보인다. 각종 토론회에서 이들이 종종 드는 예를 보면, 사회생물학의 주장이 유전자결정론이라면 토론회에 앉아서 관념적인 토론을 하기보다는 유전자를 퍼뜨리기 위해 외부로 돌아다녀야 할 텐데 이렇게 회의장에 있지 않느냐고 말한다. 하지만 사회생물학자들 스스로도 인간의 문화적 활동을 설명하기 위해 문화유전자 내지 문화복제자 개념인 밈(meme)을 제시하고 있음을 생각할 때 사회생물학자들이 인간이나 동물의 행위를 생물학적인 것이건 문화적인 것이건 유전자에 의한 것으로 규정하고 있다는 사실에는 변함이 없다. 유전자결정론이라는 표현에 대해 사회생물학자들이 보이는 강한 거부감은 근세기 역사에서 유전자결정론에 의해 지지되었던 우생학의 폐해 때문으로 보인다.*

인간은 그저 유전자의 그림자인가?

한편, 사회생물학이 우리에게 주는 통찰은 인간으로 하여금 개인화된 시각에 근거하여 자신의 탐욕만을 위해[41] 열심히 살아가야 하는 모습에서 벗어나 더는 개체로서의 나에 집착할 필요가 없음을 알게 해준다는 점이다. 사회생물학은 해체된 개체를 통해 보다 넓은 시각에서 삶을 바라보게 해주며, 이타적인 시각과 더불어 인간의 종 우월주의를 극복하는 데 크게 기여했다고 볼 수 있다. 따라서 인간 중심적 근대 과학과 개인주의적 근대 문명에 대한[42] 이러한 통찰은 사회생물학의

* 유전자결정론에서 사회생물학자들이 부정하는 것은 '유전자숙명론'이다. 하지만 유전자결정론이 곧 유전자숙명론은 아니기 때문에 유전자결정론을 그토록 부정할 필요는 없다. 사회생물학의 입장은 유전자결정론이자 유전자실체론이며, 국내 사회생물학자들도 에드워드 윌슨처럼 이 점을 솔직히 인정할 때 국내에서도 생명에 대한 다양한 입장의 연구자들 간에 좀 더 생산적이고 충실한 토론이 유도될 수 있을 것으로 보인다.

소중한 통찰이라고 볼 수 있다. 하지만 이러한 통찰에도 불구하고 환원주의적 시각이 지닌 태생적 한계는 사회생물학의 한계가 된다.[43]

사회생물학은 그 주장을 뒷받침하는 근거가 1970년대 유전자 지식의 수준에 머무는 한계를 갖고 있다. 사회생물학의 기본 관점은 1950년대에 유전자를 구성하는 DNA 이중나선 구조를 밝힌 왓슨과 크릭에 의거하고 있으며,[44] 이를 바탕으로 급격히 발전한 1970~80년대의 분자생물학적 시각에 근거한다. 하지만 1970~80년대 분자생물학의 수준은 유전자의 총체적 이해라는 면에서 볼 때 매우 초보적인 수준이었다. 분자생물학에 근거한 기계론적 생명의 이해는 1990년대에 들어서서 인간 유전자 연구과제(HGP)로 정점에 이르게 되었다. 그런데 2003년 초에 이를 통해 밝혀진 인간 유전자의 구성을 보면, 인간 유전자의 수는 예상치의 30퍼센트 정도밖에 안 되는 숫자이며, 유인원과의 차이가 1퍼센트에 불과하고, 곤충이 지닌 유전자 수의 두 배도 안 되는 것으로 이는 유전자결정론자들의 예상치보다 너무 적어 실망스러운 것이었다.

더욱이 최근의 연구 결과에 따르면 인간 유전자의 약 8퍼센트가 바이러스에서 왔다는 점을 고려할 때[45] HGP의 결과는 진화를 거쳐 더욱 진보한 동물이란 유전자가 많고 복잡한 동물이어야 한다고 생각하던 이들에게 '다른 동물과의 차이를 나타내는 인간다움이란 무엇'이며, 그 '차이는 어디서 기인하는지'에 대한 보다 깊은 성찰이 필요함을 말해준다. 이에 따라 인간의 두뇌 역시 진화 과정에서 최선의 작품으로 만들어져 왔다기보다는 주어진 환경에 그때그때 적응하면서 적당히 형성된 산물임이 지적되고 있으며,[46] 우생학적 유전자실체론에 대한 반론은 계속되고 있다.[47] 사람의 본성에 대한 통찰에서도 사회생물학적 전통에 입각한 진화심리학의 한계를 지적하면서 인간의 마음이란 마치 면역계처럼 개체 차원에서도 평생 지속적으로 적응 과정을 거친다는 입장도 개진되고 있다.[48]

사회생물학은 환원주의 전통에서 보면 서양 근대 과학의 정점에 있다. 사회생물학자들에게 삶이나 문화는 물리적 현상에 지나지 않는다. 인문사회과학의 모든 주제는 인지과학이나 신경과학으로 설명이 될 것이며, 두뇌 작용은 유전자의 발현 원리로 풀이될 수 있다. 그들은 최종적으로 생명 현상이나 사회 현상, 나아가 모든 인간 문화가 물리적 원리로 설명될 것이라고 주장한다.

일반인에게 유전자실체론을 인식시킨 대중서인 『이기적 유전자』로 널리 알려진 리처드 도킨스(Richard Dawkins)와 사회생물학의 기초를 만든 에드워드 윌슨이 서구사회에서 대표적인 사회생물학자이다. 이들은 유전자결정론에 반대 입장을 취해온 진화생물학자 스티븐 제이 굴드(Stephen Jay Gould)나 리처드 르원틴(Richard Lewontin)은 물론 촘스키(Noam Chomsky) 같은 이들과도 긴 논쟁을 벌여왔다. 그뿐만 아니라 유전자결정론의 대표적인 국제적 연구과제였던 HGP도 미국 지식인 사회로부터의 비판과 우려에 직면하게 되었고, 결국 미국 정부는 이 연구과제에 소요된 전체 연구비의 일부를 인간 유전자 정보에 대한 윤리적, 법적, 사회적 관심 연구로 돌렸다.[49] 유전자 본질주의적인 시각은 생명의 발현을 잠재태의 표현 과정에서 나타나는 창발 현상으로 파악하는 개체군에 대한 철학적 입장에서도 부정되었다.

한편, 진화론은 긴 생명체의 흐름을 중심으로 다루고 있지만 생태적 시각은 그러한 흐름 속에 등장하는 개체의 삶을 이야기한다. 사회생물학에 대한 비판적 시각을 접고 전적으로 그들이 취하는 환원적 논리에 따른다 해도, 이들이 강조하는 유전자실체론에 머물러야 할 타당한 이유는 찾을 수 없다. 사회생물학에서 주장하듯 인간을 유전자로 환원시키고 인간 문화 활동을 설명하기 위해 굳이 밈마저 등장시켜야 하는 논리에 충실히 따른다 해도, 유전자 역시 그것을 구성하고 있는 핵산의 네 가지 단순한 구성물질인 A(adenine), G(guanine), C(cytosine), T(thymine)라는 화학물질로 논리를 진전시킬 수 있다. 즉, 인간이 단지 유전자의 확산을 위한 운반체에 불과하다면 같은 논리에 의해 유전자 역시 위 네 가지 물질의 확산을 위한 운반체에 불과하다고 말할 수 있다.

그럼에도 사회생물학에서는 생명에 대한 환원의 정도를 굳이 유전자 단계에서 멈추고 있으며 그 이유에 대한 아무런 명확한 답을 제시하지 않는다. 더욱이 최근에 알려진 바와 같이 프리온(prion)이라는 단백질만으로 자가 증식과 확산이 가능한 형태의 존재가 알려짐으로써 생명체와 무생물체 간의 경계가 더욱 모호해져 있음을 고려할 때 유전자 단계에서 멈춘 환원론적 입장은 더 이상 설득력을 지니지 못한다.[50] 사회생물학자의 논리를 빌려 다시 그들의 주장을 쓰면, 결국 인간은 유전자의 그림자에 불과하고, 이들 유전자 역시 유전자를 만드는 핵산의 구성물질인 A, G, T, C를 널리 퍼뜨리기 위한 운반체에 불과하다. 그리하여 이기적인 네 가지 물질은 첫 단계로 유전자를 구성했고, 그 이후는 사회생물학자들이 주장하는 바와 같이 인간이 등장하게 되었다고 말하게 된다.*

분자생물학을 넘어

한편, 사회생물학에 대한 서구사회의 우려와 유전자 연구에 대한 문제의식은 생명을 단순히 유전자라는 유물론적 시각으로 보는 것에 대한 막연한 두려움이며, 유전자 정보에 의한 인간성 말살에 대한 염려에 불과하다는 주장도 있다. 그러나 이러한 우려가 과학적 사실을 무시한 단순히 인문사회과학적 우려에 불과한 것은 아니다. 유전자결정론이라는 기계론적 관점의 한계는 과학계에서도 그 문제점이 지적되고 있으며, 특히 21세기에 들어와 본격적으로 등장한 이보디보의 발전과 복잡계 과학 및 후성유전학

* 도킨스가 말하듯이 '인간은 유전자의 생존기계이며 운반자'라면, 이를 그의 논리를 그대로 적용하여 '유전자는 A, T, C, G의 생존기계이며 운반자'라고 말할 수 있다. 따라서 사회생물학자의 환원주의적 접근에 의할 때 '인간은 유전자를 경유한 A, T, C, G의 생존기계이며 운반자'라고 말해야 한다. 사회생물학이 한 시대의 학설로 그치지 않으면서도 나름대로의 시각을 발전시키기 위해서는 20세기의 분자생물학의 수준을 넘어 21세기 분자유전학에 맞는 제2의 도약이 필요하다.

(epigenetics)의 대두, 그리고 환원이 아닌 합성(synthesis)의 방향으로 생명 연구를 하고 있는 시스템생물학이 사회생물학적 시각의 근본적 변화를 요구하고 있다.

또한 유전자를 구성하는 DNA가 유전자 발현의 주체가 아니라, 지금까지 연구가 늦었던 RNA야말로 진정한 유전자 발현 조절 기능을 담고 있어 유전자를 지휘하여 특정한 표현을 이루게 한다는 최신 연구 결과가 계속 보고되고 있고,[51] 이에 따라 생명의 주인으로 등장하는 것은 DNA로 이루어진 유전자가 아니라 오히려 지금까지 분자생물학에서 일시적 정보전달체에 불과하다고 보았던 RNA가 될 수도 있다. 이러한 연구 결과가 말해주는 것은 생명의 진화가 자기조직적 현상을 다루는 과정에서 구성물질만으로 설명될 수 없는 예측 불가능한 새로운 작용과 기능의 형태로 나타난다는 점이고, 따라서 이는 곧 유전자란 행동의 원인이지만 또한 동시에 행동의 결과이기도 하며, 이러한 유전자 이외의 요소들도 장기간에 걸쳐 전달되어 진화에 기여한다는 것을 의미한다.

후성유전학의 기원은 생명체에 있어서 유전자형(genotype)과는 구분되는 표현형(phenotype)이 세대를 거듭하는 과정 중에도 유지되는 현상을 연구하는 것으로 시작되었다. 다시 말하면 후성학은 유전자의 돌연변이가 없음에도 불구하고 세대에 걸쳐 나타나는 유전성 표현형을 다룬다. 특히 대부분의 이러한 현상은 그 발현이 점차적으로 유지된다기보다는 발현되거나 혹은 발현되지 않는 양자 간의 선택적 유형으로 나타나게 되고, 결국 유전자 수준에서의 발현이 아닌 염색체의 발현 양상이 바뀌게 되어 구체적인 표현형으로 나타나게 된다.[52] 따라서 몸을 구성하는 유전자만으로 한 개체의 육체를 예견하거나 질병 발생을 단정 짓는 것은 매우 위험한 발상이다. 유전자가 기본 틀을 지정하는지는 몰라도, 이제 우리의 몸과 정신이 지닌 풍요로움과 다양함을 발현하는 데에는 해당 유전자 이외의 여러 요인과 관계가 작용한다는 것을 인정하게 되었다.

유전자결정론에 대한 반대되는 요인을 분자 수준에서 규명하고 있는 것이 후성유전학이라면, 각 개체만의 신체적 고유성 연구는 21세기에 들어와 구체적인 학문의 형태로 발전하고 있는 복잡계 과학, 그리고 비환원론적 접근을 하고 있는 시스템생물학의 힘이 크다.[53] 생명체의 발현과 생명 현상에서 중요한 개체고유성은 몸의 구조를 만들어내는 유전자가 아니라 외부로부터 받는 자극과 반응, 그리고 반응을 기억함으로써 종합적으로 형성되고 평생 끊임없이 변화해가는 관계에 의한다. 감정이나 이성의 형태로 정신적 자기를 만드는 신경계는 대표적인 가소성(plasticity)을 지닌 생체 조직이고, 신체적 자기(self)를 이루는 면역 현상 역시 유사한 과정과 형태를 취하고 있다. 각 개체의 신체적 고유성도 신체를 구성하고 있는 생리활성 물질이나 세포로 구성된 상태에서 고정되어 결정되는 것이 아니며, 외부와의 상호작용을 통해서 개체의 면역체계와 주위 환경이 서로 영향을 주고받아 그 결과 기존 면역체계 자체의 속성이 변화하면서 결정된다. 살아 움직이고 욕망하는 생명 현상이 창발적이듯이 몸을 이루고 있는 이들 구성요소의 상호작용도 복잡계적 창발 현상을 보여준다.

인간의 몸이 단순히 유전자의 전달자라는 1970년대의 사회생물학적 관점은 일반인들에게는 매우 신선했을지 모르나 생물학자에게는 그리 새로운 개념은 아니다. '이기적 유전자'라는 상징적 표현 때문에 '이타'와 '이기'라는 개념이 진화론에 개입이 된 것일 뿐, 도킨스조차도 이기적 유전자에서 '이기적'이라는 표현은 일종의 상징이자 은유적 측면이 있음을 말하고 있다. 상호작용의 관계에서 이기적이라는 말과 이타적이라는 말은 동전의 양면이다. 결국 특정 관계를 이기적으로 볼 것인지 아니면 이타적으로 볼 것인지는 표현의 문제일 수 있으며, 단지 어느 측면을 강조하느냐를 나타내고 있다.

일찍이 1960년대 말에 생물학자인 린 마굴리스(Lynn Margulis)는 원핵세포(prokaryotic cell) 연구를 통해 기나긴 진화의 모습을 포착했다.[54] 진핵세포(eukaryotic cell) 안의 에너지 생산기지인 미토콘드리아(mitochondria)의 기원이 외부에서 진핵세포 속으로 들어간 생명체의 공생관계로부터 유래했음이 밝혀졌다. 이러한 세포 내 공생관계(endosymbiosis) 개념을 보다 복잡한 생명체로 확대해 보면, 진핵세포로 이루어진 포유동물인 인간도 세포 수준에서 벌어진 상호작용의 산물에 불과하다.* 그러나 마굴리스

* 당시에도 수많은 장내 미생물과 피부 표면의 미생물들로 덮여 있는 포유동물은 실체가 없이 단지 장내 미생물 등의 생명을 유지, 보전하기 위해 열심히 먹고 마시는 담지체에 불과하다는 이야기가 회자되었다. 마굴리스 교수가 현재

는 사회생물학자들과 유사한 결론에 도달할 수 있었음에도 불구하고, 그들과는 달리 장구한 시간 속에서 정교한 공생 체계로 이루어진 세포를 통해 생명체를 각자의 생존을 위한 투쟁의 역사가 아닌 서로 의지하며 진화하는 존재로 파악했다. 생명이란 서로 영향을 주고받으며 함께 진화해온 공동체라고 본 그녀는 이를 더 확대하여 다양한 뭇 생명체의 상의상존을 통해 펼쳐지고 발현되는 전 지구적 생명에 공감하게 된다. 다시 말하면 세포들은 수십억 년 생명 진화의 과정을 고스란히 담고 있으며, 이들을 더 높은 층위의 생명 활동으로 이끈 진화의 힘은 이기적 약육강식이나 적자생존이 아니고, 생명체는 세포 내 기관들이 각자의 기능을 지니고 더욱 복잡한 환경에 참여할 수 있도록 서로 공생하는 형태로 진화되어왔다.

비록 층위는 다르지만 인간 개체의 실체 없음을 지적할 수 있는 유사한 관찰로부터 이토록 상반된 결론을 내릴 수 있었다는 것은 결국 사회생물학자인 도킨스가 모든 것을 설명할 수 있는 원리로 제시했던 유전자의 역할이나 밈이라는 개념이 단지 그들만의 해석과 시각을 제시한 것일 뿐임을 말해준다. 환원이 아닌 합성의 방향으로 생명 연구를 하고 있는 시스템생물학의

의 사회생물학자가 주장하듯 이기적 유전자와 밈에 의한 자기확산의 개념을 유전자가 아닌 세포나 세균을 통해 충분히 전개할 수 있었다. 비록 마굴리스 교수가 인간의 문화나 사회활동이란 이기적 미생물이 그들을 확대 재생산하기 위해 만들어낸 결과물이라고 주장하는 과감성은 없었지만, 세포내 공생과 이를 통한 생존, 증식의 개념은 유전자를 바탕으로 하는 사회생물학자들의 주장을 충분히 내포하고 있었다.

창시자인 영국 옥스퍼드 대학의 데니스 노블(Denis Noble)이 말하듯이, 생명 현상을 단순히 유전자로 환원시키는 것은 이제 낡은 구시대적 관점이 되어버렸다. 서로의 상호작용을 통한 협동 과정을 통해 새로운 층위로 도약한 생명이란 단순한 음표가 아니라 모두 어우러져 창출되는 하나의 음악과 같다.

돌이켜보면 사회생물학이 등장하던 당시 분자생물학의 입장은 '하나의 유전자로부터 하나의 단백질이 나온다(one gene-one protein)'는 매우 초보적인 유전자 도그마(gene-dogma)에 바탕을 두고 있었다. 그뿐만 아니라 진화 과정을 바라보는 사회생물학의 시각은 호전적인 개미에 관한 연구에 근거하고 있었고, '이기적 유전자'라는 표현이 있는 것처럼 그 당시 인간과 유사한 영장류 연구에서 강조되던 침팬지의 호전성도 여기에 기여했다. 인간에게 가장 가까운 유인원인 침팬지는 권력 지향적이며 매우 폭력적인 행태를 보인다. 이러한 침팬지의 모습은 인간이 이기적 유전자의 발현이라는 상징적 표현이 더욱 공감을 얻게 한다. 하지만 그후 연구된 바와 같이 침팬지와 형제격인 보노보는 매우 협동적이며 이들에게서는 이타적 행위도 쉽게 발견된다.[55] 그런 면에서 비록 사회생물학이 국내에서 진화론의 주류로 제시되고 있지만, 그것은 최근 21세기 들어 보다 가속되고 발전된 내용을 담고 있는 첨단 생물학의 연구 결과를 적극적으로 반영해야 할 필요가 있다. 사회생물학이 대두되던 20세기 말, 해외에서의 뜨거웠던 인간 본성에 대한 생산적 논의는 이제 더는 치열한 논의거리가 되지 않는다.

생명체와 주위 환경 간의 상호작용으로 빚어지는 진화를 이야기하기 위해 그 관계의 특정 단계나 층위에만 주의를 기울이고 시각을 고정시키면 본래의 상황을 왜곡하는 오류가 생길 수 있다. 이는 무신론 운동을 펼치고 있는 도킨스가 『만들어진 신』에서 기독교를 비판하는 데서도 비슷하게 나타난다. 기독교가 굳이 인격화된 신을 상정하고 강조하면서 교의를 발전시키다 보니 도킨스가 지적하는 많은 점이 공감을 얻기도 하지만, 도킨스가 지적하는 기독교의 신은 전형적인 근본주의적 신이기에 그의 지적은 기독교의 신이 근본주의적 층위나 수준에 머물러 있을 때만 빛을 발한다. 이미 많은 열려 있는 기독교 신자와 신학자에게, 도킨스가 지적하는 신 개념은 또 다른 이야기일 수 있으며 그리 생산적인 논의가 되지 못한다.

마찬가지로 1970~80년대의 분자유전학 지식과 호전적인 사회적 곤충 연구에 근거한 사회생물학은 이미 그 자체로 좋은 통찰을 제시했으나 이제는 그 이후에 펼쳐진 생물학적, 생태학적 연구에 근거하여 더 넓은 시각으로 기존의 유전자실체론에서 벗어나 좀 더 새로운 시각과 주장을 제시해야 할 시점이 된 것으로 보인다. 사회생물학자도 사회적 동물로서의 인간과 사회적 압력 간의 상호작용은 보다 복잡한 관계 형성과 유지에 필요함을 언급하고 있다.[56] 유전자 수준에 머무르며 지금까지 진화에 있어서 대표적 견해 중의 하나로 받아들여졌던 사회생물학은 유전자를 넘어 새롭게 진화하지 않으면 역사상의 한 학설로만 남게 될 수도 있을 것이다.

따라서 생명 현상의 연구에 있어서 현재의 생물학은 유전자 실체론이 주류라면, 서양 근대 과학의 한계를 조금이나마 보완할 수 있는 새로운 학문으로서 통계물리학에서 시작된 '복잡계 과학'이 금세기에 들어와 본격적으로 체계를 잡아가고 있다. 복잡계 과학에서는 몸과 정신을 새로운 창발 현상으로서 파악하고 있으며 이는 근대 과학이 지니고 있던 한계를 보완해줄 수 있는 가능성을 제시하고 있어서 생명에 대한 시각을 새롭게 정립할 수 있는 과학적 터전을 마련하고 있다.

복잡계 현상으로서의 생명과 깨어 있음

관계성이야말로 생명의 모습임을

복잡계 과학은 많은 요소의 상호작용을 연구하며, 이들의 상호작용에 의한 자기조직화를 통해 창발적 체계를 구성하여 진화하는 비선형구조에 대하여 관심을 갖는다. 통계물리학의 한 분야로서 시작된 이 이론은 이제는 자연과학 분야뿐만 아니라 경제 및 사회학의 다양한 현상을 설명하는 것에도 적용되고 있다. 이 복잡계 과학을 이루는 커다란 이론적 구성은 프랙탈 및 카오스 이론이 있으며, 최근에는 네트워크 이론과의 접목에 의하여 그동안 막연히 생각되던 일상생활 속의 여러 현상을 설명할 수 있게 되었다.[57]

복잡계 과학은 무질서와 질서 잡힌 두 체계의 극심한 변화

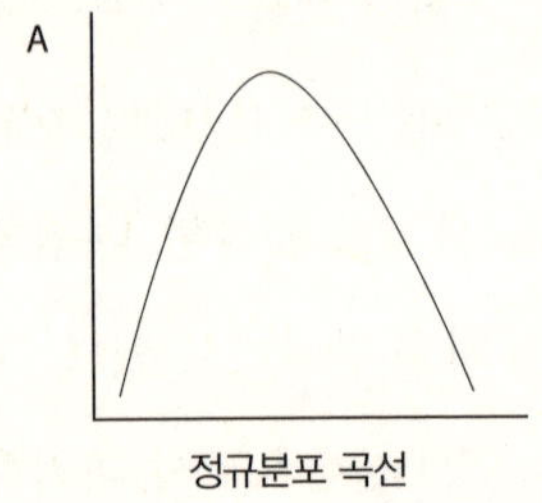

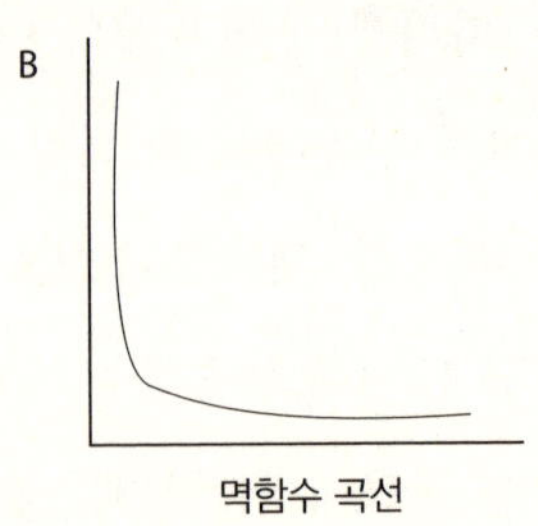

● 그림 4 두 가지 유형의 분포곡선
선형적 정규분포와 달리 비선형적인 복잡계 현상은 B와 같은 멱함수 구조를 보인다.

의 가장자리를 다루고 있으며, 이러한 복잡계 현상의 특징으로는 상전이, 임계 상태, 척도 독립, 초기 조건의 민감도와 예측불가능성, 자기 조직화 및 창발 현상으로 크게 정리할 수 있다.[58] 복잡계 현상을 수학적 표현을 빌리면 평균값을 지니는 정규분포와는 달리 멱함수(power law)*의 구조를 지닌다.(그림 4) 멱함수의 특징을 보여주는 지진의 사례로 말한다면 자주 발생하는 작은 지진과 아주 드물게 발생하지만 도시 기능을 마비시킬 정도의 큰 지진의 분포가 있다. 더 나아가 지진 발생 원인을 검토할 때 빈번한 작은 지진과 드물게 발생하는 대지진의 발생 원인은

* 멱함수 법칙을 따르는 분포는 평균적 노드와 분포의 정점으로 구체화되는 고유한 척도(scale)를 갖지 않는다. 그리하여 멱함수 법칙을 따르는 네트워크를 척도 없는(scale-free) 네트워크라고 부른다. $y = cx^{-a}$ 관계를 갖는 시스템이며, 여기서 a와 c는 상수이고 log-log plot을 하면 a를 기울기로 갖는 직선을 얻는다. 시스템의 역동적 성질이 멱함수 분포를 가질 때 가장 효율적으로 최대의 정보를 전송할 수 있다. 소수의 큰 사건이 대부분의 큰 일을 한다는 것이 그래프로 표현된 것이기도 하다.

유사하다는 점이며, 그 규모가 결정되는 것은 발생 당시의 주위 조건에 의한다. 그러한 변화의 가장자리에서 당시의 초기 조건이 임계 상태일 경우에는 상전이(相轉移)가 일어나 기존과는 전혀 다른 새로운 속성을 지닌 상태로 전환된다.

최근의 복잡계 이론에서 또 하나의 축을 이루는 것으로서 네트워크 이론이 있는데, 이 이론에서는 부의 분포가 일부에게만 집중되는 파레토의 법칙[59]이나, 사회적 연결망의 특성과 더불어 인터넷상에서 야후나 구글과 같은 초대형 사이트의 등장과 같은 멱함수로 표현되는 현상에 대하여 연구하고 있다. 네트워크 이론에서 주목할 것은 임계 상태의 중요성과 더불어 선호적 연결(preferential attachment) 현상이 있다는 점이다.[60] 선호적 연결 현상이란 부익부빈익빈(富益富貧益貧) 현상이다. 생태계 연결망에 네트워크 이론을 적용할 때에 중요한 것은 사회적 연결망 연구에서 나타난 것과 같이 생태계에서도 부익부 현상으로 인해 특정 상태의 경계값이 일정치(critical threshold)를 넘을 때 마치 전에는 전혀 없었던 것처럼 보이는 새로운 질서의 창발적 등장으로 연결된다는 점이다.[61] 이는 사회재난으로서의 전염병 창궐 현상에 있어서 단순한 질병 발생과 달리 특정 수치 이상의 발생을 넘어 유행이라는 확산 상태로의 전환에서도 적용되는 개념이다.

네트워크 이론의 부익부 특성을 생명 현상에 적용시켜본다면, 시간 축에 의한 누적의 중요성이다. 진화 과정에서 나타나는 계통발생의 역사성은 복잡계 현상에서 강조되는 초기 조건의 민감성과* 부익부 현상에 있어서의 진화의 변화가 그렇듯이, 진화학자 굴드가** 언급한 것처럼 점증이 아닌 단속적 특징을 지니게 된다. 이러한 특성을 바탕으로 동물과 사람을 가르는 진화에 있어서 복잡계 현상의 특징인 자기조직적 창발 현상(self-organized emergence)이 혼돈의 가장자리(the edge of chaos)로부터 나타나, 새로운 다양한 종의 탄생과 더불어 현생 인간의 출현을 가능하게 했던 것이다.[62]

자의식이라는 인지 과정의 출현은 창발 현상이며, 결코 물질적 요소로 환원되지 못한다. 그러나 이 말이 인간이 지닌 인식 작용과 문화를 만들어내는 힘이 물질과 동떨어져 있다는 말도 아니다. 창발적으로 나타난 현상은 구성요소와는 전혀 다른 속성을 가지고 있으나 마치 그림 5[63]와 같이 서로 의존하고 영향을 주며, 주위 환경과의 관계 속에서 스스로 학습하며 변화해 가는 구조인 것이다.

복잡계 과학의 생물학적 적용인 합성생물학(synthetic biology)과 시스템생물학(systems biology)은 오믹스 생물학(Omics biology)으로써 표현되는 유전체학(genomics), 단백체학(priteomics) 등 다

* 이러한 복잡계 이론에서 강조되는 초기 조건의 민감성을 선가의 언어로 바꾼다면 신심명(信心銘)의 호리유차 천지현격(毫釐有差 天地懸隔)이나, 〈법성게〉의 초발심시변정각(初發心時便正覺)이라는 표현이 해당된다.

** 굴드(Stephen Jay Gould, 1941~2002): 미국의 고생물학 및 진화생물학자. 사회생물학에 대한 반대 입장으로 유명하며, 진화에 있어서는 단속평형이론(punctuated equilibrium)을 주장함. 긴 기간의 진화적 안정 상태가 유지되다가 비교적 짧은 기간의 환경 압력에 의해 진화적 변화가 급격하게 일어난다는 이론.

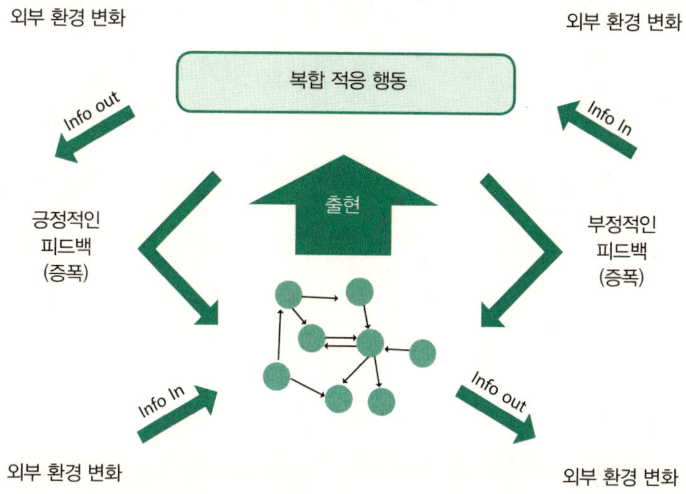

● 그림 5 복합 적응 체제란 복잡계 현상 중에서도 주위 환경과의 관계 속에서 경험을 통해 스스로 학습이 가능한 구조를 말한다.

양한 학문 영역을 바탕으로 하여 발전되고 있다. 이것은 특정 체계를 구성하고 있는 여러 구성 물질이 단순한 선형적 반응 경로를 취하는 것이 아니라 서로 소통하며(cross-talk) 비선형적 그물망 구조를 지니고 있는 생물체계를 이해하는 데에 적합하기 때문이다. 비록 생태계에 미치는 영향에 조심스럽기는 하지만 합성생물학이 주목을 받는 이유는 복잡계적 형태인 생명 현상과 더불어 각각의 생명체가 주위 환경 속에서 밀접한 관계를 맺어가며 살아가는 생태계가 지닌 관계성이야말로 생명의 모습임에도 불구하고 환원론적 시각이 삶에 대한 총체적 관계나 이에 근거한 복잡계적 접근의 필요성을 인식하지 않은 데 있다.

생명의 반복과 삶의 반복

생명체는 단순한 물질과는 달리 생명 현상을 나타내고 있는데 생명 현상은 불가에서 아상(我相)이라고 말하는 생명체의 개체고유성과 직접적인 관련을 지니고 있다. 여기서 개체라는 것은 물질에 의거한 자기만의 형태나 양식을 지니고 주위와 구별되는 경계를 지니는 것을 의미한다. 생명체의 형태를 만들고 있는 물질 차원에서 보면 생명 현상으로서의 개체고유성은 신경계와 면역계에 의해 뒷받침되고 있다. 일반적으로 정신과 몸으로 표현되는 생명체에 있어서 신경계에 의존해서 나타나는 '정신적 자기'[自意識]와 면역계로 표현되는 신체적 자기(自己)로 말할 수 있는 것이다. 그런데 여기서 주목해야 할 것은 물질 차원에서 개체고유성을 규정하는 신경계와 면역계 양쪽 모두 생물체 내부의 자족적인 발생 체계가 아니라 외부와의 열린 관계에 의존해서 개체마다 새롭고 고유하게 만들어지는 창발 체계라는 점이다.*

이러한 개방성은 생명 현상의 또 다른 특성인 자유로움을**

* 단순한 부분의 합이 아닌 창발 현상(emergence, 떠오름 현상)은 새로운 차원에의 도약으로서 생명 현상을 잘 표현해준다. G. Radnitzky & W. Bartley, III, ed., *Evolutionary Epistemiology, Rationality, and the Sociology of Knowledge*, Open Court, 1987, pp.157-161; I. Cohen, *Tending Adam's Garden: Evolving the Cognitive Immune Self*, Academic Press, 2000, pp.27-39; E. Rewald, *Immune Cressover III*, Authors, 2007, pp.13-29; 스티브 존슨, 『이머전스』, 김한영 역, 김영사, 2001, 91-96쪽 참조.

** 불가에서의 자유로움이란 서양식의 '~으로부터 벗어나 얻는 무한한 자유'라는 관념적 자유로움이 아니라 '그 어떤 조건이나 상황에 처해 있을지라도 자유로울 수 있는 관계적 자유로움'이다. 우희종, 「생명, 생태, 불교, 그리고 해

이루는 근거가 된다. 주위에 의존하여 변화해가는 열린 관계로서의 생명체는 관계로부터 빚어지는 수많은 변화 속에서 외부 환경에 대하여 반응하고 기억하며 그러한 경험의 총체적 누적으로서 존재하기에 모든 생명체는 작은 초기 조건에 의해 커다란 차이를 나타내는 모습을 가지게 된다. 복잡계 과학에서 나비효과라고도 불리는 이러한 초기 조건의 민감도 역시 개체고유성을 구성하는 특징 중 하나이다.*

결국 지금까지 생명에 대한 정의를 시도한 많은 학자가 주목한 것과 마찬가지로 생명체를 이루는 몸은 고정된 것이 아니라 주위와의 에너지 교환 등이 필요하고 환경에 대하여 반응하여 자기 조직화를 통해 진화하는 특징이 있지만, 생명체의 보다 근본적인 특징인 '창발 현상에 의한 개체고유성이야말로 철저히 주위와의 열려 있음'으로 가능하다는 점이다.** 따라서 경계를 나타내는 형태를 지니고 자율적인 고유성을 지니며 동시에 주위에 열려 있어 의존되어 있다는 것을 다르게 표현한다면 프랙탈 이론에서 다루고 있듯이 '전체이면서 부분이고 부분이면서 전체'인 특성을 지닌다. 이 점은 생명 현상의 특징이라고 할

방으로서의 실천」, 『석림』 38집, 동국대학교 석림회, 2004, 147쪽.

* 사람에 있어서 임신 초기인 8주 정도에서 약물이나 외부 바이러스 감염에 대한 취약성이 가장 높다. 초발심시변정각이라는 불교적 표현에서 초기 조건의 민감도를 볼 수 있다. S. Wolfram, *A New Kind of Science*, Wolfram Media, 2002, p.971.

** 생명체의 열려 있음이란 불가의 무상(無相)을 나타내며, 개체고유성은 아상(我相)을 말한다. 이렇듯 아상과 무상은 서로 의존하고 있으며 동전의 양면과도 같아서 떼어 생각할 수 없다.

수 있기 때문에 시공간에 있어서 생명체는 비록 개체로서 부분이지만 그 자체로 곧 시공간 전체이기도 하다.*

그런 면에서 필자는 또 다른 범주화의 우려를[64] 낳으면서도 굳이 생명 현상이란 무엇인가를 정의한다면 '생명 현상이란 끊임없는 변화 속에서 전체이면서 부분이고 부분이면서 전체인 상태를 유지하는 창발적 새로운 질서'라고 정의한다. 이러한 정의에는 그동안 수많은 학자가 시도한 생명에 대한 유물적 정의에서는 부족했던 생명에 대한 존엄성이 포함될 수 있다. 한 생명이 곧 전체이며, 너와 나는 더 이상 고립되어 소외된 존재가 아니라는 것을 말한다. 또한 이렇게 정의함으로써 가이아(Gaia)와 같은 지구적 생명이나 온생명과[65] 더불어 그동안 세포자동자와 같이 컴퓨터상의 프로그램으로 등장한 인공생명체(dry life)와 일반적 생명체(wet life) 양쪽을 모두[66] 포괄하는 것이 가능하며, 적용 범위에 따라서는 생명체로서의 생태계라는[67] 측면에도 적용할 수 있을 것이다. 그렇다면 생명체의 탄생과 죽음 역시, 전체와 부분 사이에서 벌어지는 창발 현상에 의한 상전이(phase transition)로도 볼 수 있다.

이와 같은 생명체의 개방성은 자유롭지만 스스로 생로병사

* 이러한 생명이 지니는 전체와 부분 간의 자기 닮음이라는 특성은 프랙탈(stochastic fractal) 이론에 의한 자연의 모습이기도 하지만 종교적 은유 속에서도 종종 등장하게 되며, 법성게의 티끌 하나에 온 우주가 담겨 있다는(一微塵中 含十方) 표현과, 성경의 '그 날에는 내가 아버지 안에, 너희가 내 안에, 내가 너희 안에 있는 것을 너희가 알리라'(요한 14:20)는 구절로도 표현되어 있다.

라는 숙명를 지니고 영생할 수 없는 개체의 운명을 잘 말해준다. 생명체가 개체 단독으로 자족적으로 존재할 수 없고 열려 있는 관계에 의해서만 존재할 수 있기에 자유롭지만 동시에 그 자유로움은 생태적 관계성 속에서 생명체의 소멸이라는 죽음을 담보로 한다. 스스로만의 힘으로는 존재할 수 없는 존재인 것이다.

한편, 창발 현상 역시 원인과 결과에 의해 나타나는 것이기에 생명체가 창발 현상에 의한 개체고유성과 자유로움에 의해서 나타난다는 것은 생명 현상이란 생기론도 아니고 그렇다고 유물적 관점도 아니며 단지 원인과 결과로 빚어지는 현상으로서 구체적 실체를 가지지 않는다는 것을 의미한다. 따라서 주위와 독립되어 존재하는 것이 아니라 의존해서 존재하는, 즉 상의(相依)하는 동물로서의 인간(Homo interdependant)에게* 중요한 것은 물질로서의 몸(면역계)과 그 발현으로서의 정신(신경계)뿐만 아니라 그것이 빚어내는 인간으로서의 삶이 더욱 중요하다. 한 개체로서의 생명체는 창발적 관계의 현상으로서 존재한다는 것이고, 그 개체가 개체로서 태어나 죽음이라는 소멸 과정에 이르기까지 그 생명체가 존재하는 한 주위와의 관계 속에서 살아가는 것이며 이 과정을 우리는 '삶'이라고 부르고 있기 때문이다.

* 최재천은 생태계와의 공생을 의미하여 '호모 심비우스(Homo Symbious)'를 말하지만 생명 현상을 이해하면 할수록 주위 생태계와의 공생만으로는 표현하기에 부족하다고 생각하여 생태계 구성원 모두 서로 의존하여 존재할 수밖에 없는 상의상존이라는 점에서 인간을 '호모 인터디펜던트(Home interdependant)'라 정의하고자 한다.

생태적 욕망을 위한 깨달음의 구조

우리들의 일상생활 속 작은 깨달음으로부터 평생을 치열한 구도의 길을 걸어온 대선사의 확철대오처럼 깨달음은 경험하는 개체에 따라 그 범위와 깊이에 있어 매우 다양한 모습으로 존재한다. 하지만 이러한 깨달음을 잘 들여다보면 그것은 우리 인식의 전환이며, 우리가 길들여져 있던 특정 인식 상태로부터 또 다른 상태로의 전환을 의미한다. 이러한 깨달음이란 복잡계적 표현을 빌리면 인식에서의 상전이라고 말할 수 있다. 그러나 확철대오하였다는 이는 역사상 적다는 점과 더불어 깊이와 정도에 있어서 다양한 깨달음의 형태가 있음을 생각할 때 깨달음을 멱함수 구조로 나타낼 수 있다.(그림 6)

이러한 멱함수 구조를 지니고 있는 현상들의 특징은 척도독립성(scale free)이다. 이것은 이러한 유형의 현상에 있어서 발생 규모가 작거나 크거나 상관없이 그 현상의 속성은 동일하다는 점이다. 다시 말하면 깨달음의 모습이 멱함수의 특성을 지니고 있기에, 부처의 깨달음과 일상생활 속의 크고 작은 일반인들의 깨달음을 비교해볼 때 깊이와 정도는 다르겠지만 그 속성은 같다는 것을 시사한다. 따라서 깨달음의 체험이 지니는 속성이 다르지 않다면 그러한 깨달음의 경험은 굳이 깊은 산중이나 세속을 떠난 특정 장소나 환경이 필요함을 의미하지는 않는다. 또한 이러한 관점에서 깨달음이란 결코 물 긷고 나무하는 일상의 삶을 떠나서 특별히 따로 있는 것이 아님을 시사하고 있다. 따라서 일상적 삶의 현장이 그대로 확연대오의 장이라는 것으로

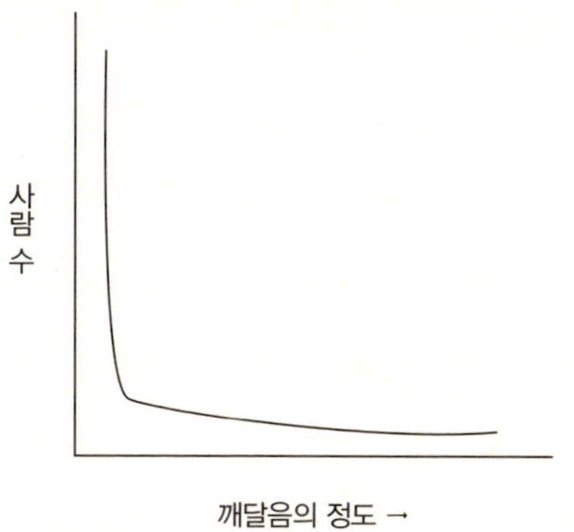

● 그림 6 깨달음은 전형적인 멱함수 구조로서 복잡계적 양상을 보인다.

서 이는 일상적 삶의 소중함을 말해준다.

한편 복잡계 현상에 있어서 그 결과의 크기는 특정 현상의 발생 당시의 조건에 의존한다. 나비효과라고 불리는 초기 조건의 중요성이며 이는 '처음의 머리카락만큼의 차이가 나중에 하늘과 땅의 차이를 만들어낸다[毫釐有差 天地懸隔]'는 관점과 유사하다. 발생 조건이 임계 상태에 달하면 상전이를 이루게 된다. 다시 말하면 깨달음이라는 현상은 크거나 작거나 깨달음의 속성에 있어서는 동일하지만 확철대오로 이어지기 위해 필요한 것은 그러한 체험을 발생할 수 있는 임계 상태가 중요하다. 임계 상태가 되었을 때 상전이는 발생하게 되며 이러한 상전이를 통해 이전 상태와는 전혀 다른 성질로 전환되는 창발 현상이 발생하기 때문이다. 특정 상태의 임계성에는 상전이를 위한 변화의 가장자리까지 도달하기 위해 축적되고 응집된 내부 변화 요소가 요구된다.

따라서 깨달음을 얻기 위한 과정에서 가장 중요한 것은 행위자의 임계성이다. 어린아이와 같이 순수하게 믿는 마음이나 혹은 불교의 선가의 화두 참선에서 강조하는 '은산철벽(銀山鐵壁)에 막힌 것처럼 하라'는 것이나 '무쇠로 만들어진 소의 등에 앉은 모기가 그 두꺼운 무쇠 판을 뚫는 것과 같이 하라'는 표현이야말로 이러한 임계 상태를 만들기 위한 방법이자 임계 상태의 중요성을 강조한 것임을 알 수 있다.

네트워크 이론의 부익부 특성을 깨달음에 적용시켜본다면 깨달음을 위한 수행에 있어서 자기가 살아온 개인 역사의 중요성이다. 이는 각 개인이 행해온 삶의 역사성이기에 복잡계 현상에서 강조되는 초기 조건의 민감성과 더불어 깨달음을 향한 구도자의 평소의 일상적 삶의 자세의 중요성을 나타낸다. 이처럼 선가에서 종종 강조되는 일상생활 속에서 필요한 수행력의 체화 과정[得力]의 중요성은 부익부 현상이 특징인 복잡계적 현상으로도 설명된다.

경계의 가장자리에서: 깨달음과 깨어 있음

깨달음의 구조가 전형적인 복잡계적 구조를 가지고 있다는 것은 복잡계 현상의 특징인 자기조직적 창발 현상(self-organized emergence)이 생겨남을 의미한다. 따라서 깨달음[悟]이란 인식 전환이라는 상전이 과정이다. 이런 깨달음이라는 상전이를 거쳐서 드러나게 되는 새로운 창발적 상태를 불가의 전통적 표현을 사용하자면 그것은 '깨어 있음[覺]'이다. 비록 한국 불교에서는 깨달음이라는 것에 가장 큰 의미를 두고 있지만. 정각을 이룬 붓다[佛]를 깨어 있는 자[覺者]라 하고 깨달은 자[悟者]라고 하지 않음과 같이. 어떤 수행법이건 간에 깨달음이란 체험을 통해 궁극적으로 지향해야 하는 것은 깨어 있음이어야 한다.*

또 지금까지의 논의를 바탕으로 볼 때 이러한 깨어 있음은 일상의 삶을 떠나 존재하는 것이 아니며, 개체고유성이라고 표현되는 아상(我相)을 지닌 생명체가 열린 존재로서 이 세상 현상을 이루는 관계성에 대한 철저한 자각을 통해 개체로서의 부분과 한마음[一心] 혹은 하느님으로 표현되는 근원과의 불이(不二)가 되는 세계 속에서 '경계인'으로서 살아감을 말한다. 의상의 법성게에 나오는 '일미진중함시방 일체진중역여시(一微塵中含十方 一切塵中亦如是)'라는 화엄의 세계는 이렇게 깨달음이라는 상전이를 거쳐 변화하기 전에는 전혀 예측하거나 헤아리기 어려웠던 새로운 창발 상태인 '깨어 있음'을 체험하고, 이러한 깨어 있음은 바로 지금 이 자리에서의 구체적이고 일상적인 삶의 모습으로 나타나야 할 것을 보여준다.

* 일반적으로 오와 각을 혼용하여 사용하기도 하나 구분이 필요하다. 대오각성(大悟覺醒)에서 대오(大悟)와 각성(覺醒)은 본바탕에서 보면 굳이 나누어지지 않지만 수행을 전제로 한 차별계에서는 명확한 구분이 필요하다. 물론 여기서의 깨어 있음이란 특정 수행법의 '마음 챙김'이나 '알아차림'을 뜻하지는 않는다. 한편, 일상적 삶의 원동력으로서의 각에 대한 유사한 관점으로서 김정희, 「백용성의 대각교의 근대성에 대한 소고」, 『불교학연구』 17호, 2007 참조.

차이가 있으나 차별은 없는, 깨어 있는 삶

관계성 속에서의 생명체가 지니는 개체고유성은 관계로 인한 삶의 반복과 각 개인 역사의 중층 구조를 지닌다. 비록 마음은 실체가 없지만, 그러한 몸은 진화론적 시간의 누적을 지니며 이 점은 이기적 유전자로 대표되는 사회생물학적 관점으로 극대화되었다. 또한 이러한 개체의 통시적 측면은 문화 속의 혈통과 가문이라는 형태로 역사성을 지닌다. 그러나 각 개인의 인식 작용으로서의 정신은 각 개체가 태어나서 겪는 경험을 통해 자의식이라는 형태로 개인의 역사를 이루며 개체고유성의 바탕을 이루게 된다. 더욱이 개인의 역사 역시 생태적 관계의 흐름 속에서 각 생명체가 만들어가는 복합적 관계의 덩어리다.

따라서 각 개체의 소멸과 탄생을 통해 나타나는 삶의 반복성을 통해 창발적 차이가 발생하며, 이러한 차이로 인한 개체고유성은 이 세상의 그 누구와도 구분되는 자신만의 경험이 바탕되어 나타나게 된다. 따라서 일상에서 나타나는 반복과 이를 통한 차이 속에서 창발적으로 드러나는 개체 고유적 삶은, 개체의 고유성과 더불어 그 누구도 대신할 수 없는 자신만의 온전함과 자신만이 자신의 삶에 책임질 수 있다는 삶의 엄숙함도 동시에 내포함으로써, 삶의 역사성을 다시 한 번 보여주고 있다. 이러한 지금 이대로 우리 모두 온전한 각 개체의 삶은 깨어 있음을 통해 체험되는 것이며 이를 위한 깨달음의 과정은 필연적이라고 말할 수 있다. 하지만 자신의 삶을 깨어 있음을 전제하지 못한 깨달음에 묶여버릴 때 깨달음은 우리에게 또 다른 질곡의 모습으로, 아니면 죄악을 포장하는 수단으로 전락한다.

이러한 깨어 있음의 세계에 있어서 모든 존재는 각자만의 고유성을 지니고, 차이가 있으나 결코 차별로 이어지지 않는 상태이며 지금 이 자리에서 반복되는 심심한 일상의 삶이 곧 자신만이 경험하며 창발적으로 만들어가는 항상 새롭고 경이로운 삶의 현장이 된다는 점이다.[68] 이러한 매 순간의 창발적 경이로움은 그것이 생명체라는 존재를 있게 하는 원리이자 삶을 만들어가며 또한 깨달음을 위한 과정에서 작용하는 생태적이자 복잡계적 관계성과 이에 대한 철저한 인식 전환으로부터 나타나게 된다.

깨어 있음에 의거한 삶은 복잡계 이론에서 보여준 것처럼 극심한 변화의 가장자리에서의 삶이기도 하다. 이렇게 경계의 가장자리에서 양변을 아우르는 경계인으로서의 삶이란* 기존의 안정된 주류의 기득권으로부터 얻게 되는 안정성보다는 변화 속의 창발적 사유를 바탕으로 자신을 억압하던 한 쪽만의 틀을 버리고 지금 이 자리에서의 다양성을 바탕으로 이루어지는 자

* 변화의 가장자리에서 양쪽의 경계를 넘나드는 경계인(cross-borderer)이라는 것은 그 어느 쪽에도 속하지 않는다는 점에서 켄 윌버의 무경계(켄 윌버, 『무경계』, 무수, 2005)와 유사할 것이다. 경계인은 환원과학과 통합과학, 과학과 종교, 종교와 타종교, 성(聖)과 속(俗), 남성과 여성이라는 양변을 넘나들며 자유로운 사유와 삶이 가능하다. 불가에서 삶의 현장에서 가장 바람직한 원형(原型)으로 일컬어지는 관세음보살은 양성구유(兩性具有)의 모습을 취하고 있다. 몇년 전 송두율 교수의 경계인으로서의 모습이 우리사회에서 받아들여지지 못한 것은 한국사회의 미숙함을 반영한다.

유로운 해방을 맛본다는 것이며, 이러한 자유로움 속에서 창조적 가능성이 열리게 된다.

통합적 관계성에 대한 철저한 인식 전환으로부터 얻게 되는 일상적 삶의 경이로운 재발견이야말로 모든 종교적 가르침에서 우선됨에도 불구하고 그동안 이에 대한 내용이나 접근은 구태의연한 언어와 추상적 설명으로 일관되면서 현대인의 삶을 밝히는 역할에서 점차 멀어져왔다. 다행히 이 시대의 패러다임으로 자리잡은 요소환원론적 서양 근대 과학의 한계를 보완할 수 있는, 많은 구성요소의 관계성으로부터 자기조직적 창발 현상을 다루는 복잡계적 관점이 대두됨으로써 그동안 많은 일반인에게 어렵고 관념적으로만 느껴지던 깨달음과 삶에서의 여러 현상도 이러한 이 시대의 언어로 설명을 시도할 수 있게 되었다.

일상의 삶에서 깨어 있는 삶을 위해서는 아상(我相)이라고 표현되는 생명체의 개체고유성에 대한 재인식과 더불어 깨어 있음에는 그러한 아상이 고통의 원인이라기보다는 오히려 다양한 존재가 서로의 차이를 보면서도 차별 없는 사회를 이루기 위해서는 이러한 개체고유성에 대한 적극적 해석이 필요하다. 복잡계적 관점에서의 생명체의 특성이 개체고유성과 개방성이라고 지적한 것처럼 자신을 이루고 있는 내가 주위와의 관계에서 닫혀 있느냐, 열려 있느냐에 따라 큰 차이를 만들어낸다. 다양한 모든 생명체의 존재 근거로서의 욕망은 머무르거나 집착하지 않는 한 참으로 소중한 것이지만 관계성에 무지한 욕망은 생명체에 대한 폭력이며 억압으로 나타나게 된다.

억압과 체념이 아닌 적극적인 참여로

생의 욕망이 바탕이 된 생명과 삶이 존재 간의 열린 관계성에 의해 나타난다는 것은 서로 상의상존하는 관계성과 더불어 상호간의 바람직한 관계 설정이 필요하다는 것을 말해준다. 그런 점에서 폭력이란 '관계의 단절이나 왜곡을 가져오는 행위'라고 정의하고자 한다. 폭력을 해를 끼치는 것이라고 간단히 정의할 수 있고[69] 혹은 현대의 대표적 정치철학자인 한나 아렌트(Hannah Arendt)와 같이 도구적인 힘으로 타인을 제압하고 자신의 의지를 관철시키는 것으로 볼 수도 있는 등 다양한 논의가 있다. 분명한 것은 서로 상의상존하며 변화해가는 관계를 무시하고 타자를 대상화하는 것이 폭력이며, 이러한 폭력은 억압으로 나타난다. 폭력을 이와 같이 정의할 때 폭력은 강자만이 행사하는 것이 아니라 약자도 체념이나 무관심이라는 형태로 상대방에게 폭력을 행사한다. 또 비폭력이란 단지 총, 칼을 들지 않는다는 행위라기보다는 단절되고 왜곡된 관계 회복을 의미한다.

주체적 진화의 주인으로서의 인간은 바람직한 관계를 위해 적극적으로 살아가야 하고, 이것은 참여이자 동시에 비폭력이다. 이렇게 바람직한 진화를 위한 능동적 참여는 비폭력을 위한, 비폭력을 향한, 비폭력 그 자체로 나타난다. 이것이 생태적 진화의 힘이며, 관계론적 진화가 생물학적 진화론을 뛰어넘게 되는 결정적인 또 다른 측면 중의 하나이기도 하다.

생명이 담고 있는 약 150억 년의 시간이라는 것도 하루하루의 시간이 누적되어 이루어진다는 점에서 생태적 진화는 생물학적 진화론과 시각을 달리한다. 생물학적 진화론에서의 시간은 몇만 년, 몇억 년의 시간대이지만 생태적 진화는 지금 이 자리에서의 진화를 말한다. 또 과학으로서의 진화론은 생명체와 환경을 대등하게 놓고 바라보지만 생태적 진화에서는 인간이 진화 과정에 있어서 능동적으로 참여해야 함을 강조한다. 특히 삶의 현장에서의 진화라는 것은 삶의 자세를 의미한다. 생태적 진화는 삶의 자세이며, 그것은 또한 간절한 기다림의 자세이자, 소망의 자세다. 기다림이란 그 어떤 대상이나 깨달음을 기다린다는 것이 아니라 존재의 살아가는 과정 자체로서의 간절한 깨어 있음이다.

깨어 있음을 통한 진화에의 적극적 참여를 통해 생태적 진화는 생물학적 진화를 뛰어넘게 되며, 이는 각자 생활에서의 능동적 나눔의 형태가 된다. 나눔이란 상호 관계성이자 서로 변해가는 단초이기 때문이다. 그렇기 때문에 과학으로서의 진화론과는 달리 생태적 진화는 주변에의 능동적인 참여로 이루어진다. 간절한 기다림의 자세로부터 나오는 깨어 있음이라는 수행과 더불어 자신이 처한 일상의 삶 속에서 자신에게 주어진 것에 감사하며 이웃과 더불어 나누는 모습이다. 기나긴 선형적 시간 속의 관계를 언급하는 현대 진화론에서나 비선형적이자 미시적인 진화의 현장을 강조하는 생태적 진화에서나 다양하고 아름다운 생명의 발현을 가능하게 하는 근원적 힘이 생명 진화의 근본원리다.

생명의 그물망과 그물눈 사랑

만족을 모르는 중독된 욕망

열린 욕망으로서의 생명의 구조를 고려할 때 욕망에 대한 이해가 필요하다. 물질과 관계성에 바탕을 두어 자기조직적 창발 현상을 통해 등장한 것이 생명체이며 또한 이들의 개체고유성이라면, 이러한 생명체의 동인(動因)과 개체고유성의 발현은 이들이 지닌 욕망에 의해 이루어진다. 개체고유성으로서의 욕망은 탄생과 소멸을 향한 방향성을 지니고 있으며, 물리학적으로 말한다면 그것은 방향성을 지니고 있는 힘인 벡터(vector)로 나타낼 수 있다. 이와는 달리 생명체의 근원으로서의 욕망은 방향성을 지니지 않는 스칼라(scalar)적인 것이다. 욕망이 방향성을 지녔을 때 이곳과 저곳, 너와 나, 주와 객이 나타나며, 시간은 과거, 현재, 미래로 나타나 선형적인 흐름을 시작한다. 이러한 면에서 욕망을 전제로 할 때 이미 개체성을 전제로 한 상태에서의 동물과 인간은 유사한 출발점과 방향성을 지닌다.

스칼라적인 욕망을 바탕으로 그러한 욕망이 방향성을 지녀 벡터로 나타날 때 개체고유성이 탄생한다고 말한다면 개체성이라는 것은 일종의 특정 상태로의 분화 과정(differentiation)이라고 말할 수 있다. 분화는 마치 한 배아에서 다양한 종류의 세포와 조직이 형성되는 과정과 마찬가지로 차이(difference)를 바탕으로 자기만의 고유한 기능 획득에 바탕을 둔 다양성의 발현이다. 마치 각기 다른 조직세포는 자신만의 고유 기능을 수행하는 것처럼 보이듯 서로 상호 소통이 어려운 파편화된 분열의 모습도 지닌다. 그런 의미에서 동물과 인간은 스칼라의 배아성(germinal) 욕망의 형태로부터 분화된 조직성(tissular) 욕망의 발현으로 전환되면서 주위와의 관계(connection) 속에서 각자의 욕망을 구체화해가는 것으로 말할 수 있다.

특정 세포로 분화된 세포는 그러한 과정을 통하여 자신만의 고유 기능을 수행하지만 그 기능을 다했을 때는 죽음으로 생체로부터 사라져간다는 점을 생각해보면 특정 조직으로 분화된 세포의 생명력은 배아보다 훨씬 감소되어 있다. 따라서 생물학적 관점에서도 분화는 소멸이나 죽음으로 가는 과정인 것처럼[70] 벡터로서 분화되어 조직화된 욕망으로서의 개체는 언젠가는 죽어야 함을 전제한다. 죽음이란 개체로서의 방향성 상실을 의미할 뿐 그 힘은 에너지 불변의 법칙에 따라 스칼라적 형태로 전환될 뿐이다.

따라서 종교적으로 말한다면 스칼라적인 욕망의 분화 과정에 대한 검토를 통해, 즉 발현된 벡터의 방향성 및 크기를 검토함으로써 각자 얼마나 분화되어 개체화된 모습으로 존재하며, 이러한 인식을 바탕으로 역분화(逆分化)를 함으로써 분열된 개인의 욕망을 근원적인 스칼라적 배아성 욕망과 합일할 수 있느냐가 중요하게 된다. 이것은 분화를 통해 분열되어온 자신의 욕망을 어떻게 하면 근원적인 욕망으로 재통합시켜 역분화를 할 수 있는지 검토하는 것이고, 이를 통해 스스로 만들어낸 무명이나 망상을 떠나 진리와 통합할 수 있을 것이다. 물질화를 통해 나타난 개체적 욕망은 벡터적인 욕망이기 때문에 대상이 전제되어 있고 동시에 대상과의 관계를 의미한다는 점에서 고통을 내재하고 있다. 따라서 대상이라는 방향성이 소멸하고 대상과 주체가 합일된 스칼라적 욕망은 자기충족적인 쾌락을 지니지만 고통은 수반하지 않기에 쾌락과 고통은 동전의 양면과 같아서 기원이 같은 상동(相同) 현상으로 있는 것이 아니라 욕망의 전혀 다른 속성이 동시적으로 표현되어 유사한 기능이나 모습이 나타나는 상사(相似) 현상이라고 말할 수 있다.*

여기서 생각해보아야 할 점은 동물과 같이 자연 상태에서의 쾌락은 충족을 수반하여 그 욕망의 소멸을 가져오지만, 인간의 쾌락은 충족됨에 따라 소멸되는 것이 아니라 오히려 강화된다는 점이다. 그런 의미에서 인간의 욕망은 동물에 비해서 한층 더 벡터화되어 분화됨으로써 방향성과 그 크기가 증폭되어 도달점이 없는 욕망이다. 이로써 생태계에는 만족을 모르는 욕망이 등장하며, 이는 중독 증상으로 말할 수도 있다. 인간은 욕망에 중독되어 있다. 중독된 욕망을 생물학적으로 표현하면 종양화(transformation)를 거쳐서 암적 상태가 된 욕망(cancerous desire)이 된다. 또한 과도한 벡터적 욕망은 항상 밖을 향해 갈구하는 결핍의 터전이 된다. 생물의학에서 암이란 자신의 생명성/개체

* 욕망은 육체화되어 나타난다는 점에서 생물학적 용어를 사용하여 욕망에서의 쾌락과 고통은 상동기관이 아니라 상사기관이라고 표현해도 무방하다.

성이 강조되어 주위와의 관계성이 끊어진 상태이다.

동물과 같은 자연의 욕망은 환경에 의해 억압되지만, 인간은 환경뿐만 아니라 자신의 욕망에 억압됨으로써 자신의 욕망을 만족시켜야 한다는 강박적 욕망에 다시금 억압되는 욕망 재생산의 반복 구조를 지닌다. 동물과는 달리 욕망이 욕망을 낳는 강박적인 인간의 중독된 욕망은 반복을 거쳐 자신을 욕망의 굴레 속에 넣는 것이다. 그러나 암은 결국 자신이 근거한 개체의 죽음을 가져와 자신도 사멸되듯이 종양화된 인간의 욕망은 생태계와 더 나아가 인간 스스로 파괴할 뿐이다.

동물의 욕망은 고통과 쾌락 속에서 환경에 의해 제한되어 있다. 이에 비해 인간은 지극히 복잡계적 욕망의 발현을 보이고 있으며 분화의 정도와 크기가 창발적 발생을 위한 임계 상태를 넘어섬으로써 스스로를 대상화하여 고찰하는 생각하는 기계로 태어났다. 이렇듯 임계 상태를 넘어선 인간은 창발 현상을 통해 이제 되돌아갈 수 없는 비가역적 방향으로 진행되고 있지만, 이러한 분화 역시 역분화가 불가능한 것은 아니다. 임계 상태를 넘어 나타난 비가역적 창발 현상마저 극복하여 다시 원래의 자리로, 즉 미분화의 상태를 향해 지금의 모습과 상황을 바꿀 수 있는 의지도 획득되었기 때문이다. 이는 자신의 존재 원리를 새롭게 만들어내어 과거와 현재와 미래를 바꿀 수 있는 힘이기도 하다.

욕망에 관한 라캉과 들뢰즈의 접근

욕망의 이면에는 두려움이 있다. 벡터적 욕망의 물질화로서의 개체는 개체성의 보존을 위하여 욕망의 만족이라는 형태로 자신의 항상성을 유지한다. 그러나 주위 환경과의 끊임없는 관계는 반드시 개체적 욕망을 만족시켜주는 것도 아니며 또한 열역학적인 엔트로피 증가에 역행한 개체 유지는 언제나 노화라는 형태로 죽음이라는 소멸을 향해 진행된다. 이것은 욕망의 물화(物化) 과정에서 모든 생명체가 개체로 존재하기 위해 치러야 하는 대가이기도 하다. 따라서 모든 생명체는 자신을 유지하기 위한 결핍에 대한 두려움과 더불어 개체의 해체, 소멸에 대한 두려움이 있다.

그런 면에서 조만간 소멸될 개체고유성을 만드는 자의식(self-consciousness)이 자기 방어적인 모습을 지니고 항상성 유지를 위한 면역기능이 욕망의 구체적 발현으로 이해될 수밖에 없는 이유도 여기에 있다. 또한 이들이 지니고 있는 자기방어 기전 역시 단순한 외부 자극에 대한 수동적 반응이라기보다는 개체의 항상성을 유지하려는 적극적 기능이다.

욕망이 쾌락을 위해 만족을 추구해간다는 점에서 욕망은 근원적으로 결핍이라고 바라보는 쟈크 라캉(Jacques Lacan)의 관점은 굳이 무의식이 언어적으로 구조화되어 있는지 여부를 떠난다면 인간에 국한되지 않고 동물에도 적용될 수 있다. 그러나 동물과 인간이 지닌 욕망의 차이를 본질적인 것으로 파악한 라캉과는 달리 욕망을 니체의 권력에의 의지와 같이 일종의 실재를 생산하는 힘과 같이 내재적인 것으로 보면서[71] 근대적 주체의 해체를 통해 좀 더 상황적 관계로 파악하는 들뢰즈의 입장이 최근의 통합 생명과학으로서의 이보디보적 설명에 더욱 가깝다.

라캉은 기표(signifier)와 기의(signified)가 분리되어 있지 않기에 생물학적 본능(instinct)에 의한 욕구(need)만으로 나타나는 동물의 욕망과는 달리 인간의 욕망의 특징으로 욕동(drive)을 말한다. 욕동에 의한 욕망은 단순한 욕구와 만족에 있는 기호(sign)라기보다는 상징으로서의 언어로 표현된다. 따라서 라캉에게 있어서 욕동들이 겨냥하는 부분 대상들은 욕동의 최종 목표가 아니기에 욕망의 환유이다. 욕동 자체는 계속되는 순환을 통해 만족을 누리는데, 그 중심에는 영원히 잃어버린 대상에 대한 욕망, 즉 결핍이 항상 놓여 있다. 오직 타자의 욕망을 욕망하며, 욕동이 향하는 것은 상징계를 넘어서는 도달할 수 없는 실재이다.[72]

그러나 이러한 관점의 욕동이 이보디보에서 주로 다루게 된 동물의 계통 발생과 배아 발생에 있어서의 동인(driving force)과 과연 '본질적인 차이'가 있을 것인가 할 때 의문이 들 수밖에 없다. 개체화를 향한, 혹은 개체화된 상태에서의 벡터화된 욕망은 창발적 발현을 통해 그 모양과 질적인 차이를 나타내기 때문에 그러한 동물의 분열된 욕망을 언급하는 것으로는 받아들일 수 있다. 그러나 라캉이 설정하고 있는 욕망이 최종적으로 목표로 하는 지점이자 절대로 도달할 수 없는 세계인 실재계(the Real)에 대한 틈새를 인식할 수 있는 여부로 인간만의 욕동을 말한다면 그것이 본질적인 것을 구성한다기보다는 창발적으로 현시된 동인으로서 방향성을 지닌 운동성이자 언어화된 욕망일 수 있기 때문에 그의 욕망에 대한 접근은 동물의 이보디보적 이해와는 조금 거리가 있다.

또한 인간은 욕동에 의한 욕망과 언어적 요구(demand)를 하지만 동물은 오직 영양과 배설과 같은 욕구(need)만이 있다는 그의 입장을 보면 일반적인 평가와는 달리 라캉은 서양 근대 주체철학의 전통 속에 있는 것으로 보인다. 라캉은 개체화된 생명체의 물질적 토대를 이루고 있는 신경계와 면역계는 단순히 영양분만 있으면 형성되는 해부, 생리 구조와는 달리 스스로 대상과의 관계를 통해 요구하는 체계임을 간과하고 있다. 그런 점에서 라캉은 '내가 존재하지 않는 곳에서 생각하고, 내가 생각하지 않는 곳에서 나는 존재한다'라고 말하여 데카르트의 근대적 주체철학을 넘어선 것으로 이야기되지만 여전히 인간주의적 입장을 떠나지 못했다고 볼 수 있다. 차라리 지각하는 신체를 익명적 주관(자아)이라고 보는 메를로 퐁티(Merleau Ponty)가 생명체/동물의 욕망을 더 잘 표현했다고 말할 수 있다.

프랑스 실존주의 철학자인 메를로 퐁티에서 지각은 능동적 의식 작용이 아니라 선인칭적, 선개성적, 익명적 기능이며 습관이 더 많이 관여되는 기능이다. 또한 주체의 형성은 암시적, 무의식적, 자동적 사유이면서 동시에 미완성의 가정적 종합이며, 무엇보다 '신체에 의한 종합'이기 때문에 해부, 생리 현상과는 달리 동물의 개체성을 이루는 신경계와 면역계적 특징을 포착하고 있다고 보인다.[73]

한편, 생성으로서의 욕망을 말하는 들뢰즈의 입장은 평생 진화의 문제에 천착한 철학자답게 욕망을 내재된 배아적 생명으로서의 힘으로 파악하고 '창조적 진화'를 이야기한다. 초기의 그의 관점은 생물학적 유기체로서의 진화에 중심이 있었다면 『천개의 고원』에서의 리좀은 단순한 물질적 유전자적 진화를 넘어서는 양상을 보였고, 이는 이보디보와 복잡계 과학에서의 자기조직화를 통한 동물과 다른 인간의 창발적 차이의 개념과 매우 유사하다 할 수 있다. 이보디보와 복잡계 과학에서의 개념에 친숙한 자연 과학자에게 그의 철학은 이보디보 및 복잡계 과학의 인문학적 해설서와 같은 느낌이 들 정도이다. 들뢰즈가 제시하는 욕망은 이 글에서의 스칼라적 욕망에 가까운 것으로서 다양한 개체화를 이룰 수 있는 생성의 근원이 되는 욕망이다.

그런데 일반적으로 욕망에 대한 라캉과 들뢰즈의 접근이 매우 상반된 듯이 거론되고 있으며 위에서 언급한 바와 같이 분명히 서로 다른 시각을 지니고 있지만, 방향성을 지니지 않는 근원으로서의 스칼라적인 욕망과 개별화된 실체로서의 벡터적 욕망이라는 구분이 욕망의 다층적 계보를 설명하기 위한 시도라면, 생물학에서의 라캉과 들뢰즈의 입장은 타협되어 통합될 수 있다. '기관 없는 신체(corps sans organes)'로서의 스칼라적 욕망은 계통 발생과 배아 발생 과정으로 반복과 차이를 통해 개체화를 이루게 되며, 스칼라적 욕망이기는 하나 방향성을 지니게 될 때 나타나게 되는 벡터적 욕망은 개체고유성을 유지하고 강화하는 방향으로 진행시키는 힘이 된다. 이렇게 운동성을 내포한 벡터적 욕망은 개체화 과정의 중요한 원동력으로서, 벡터라는 말에 이미 담겨 있듯이 개체의 완성을 향해 나아가는 힘이다. 그런 면에서 생명체의 개방성을 강조하는 들뢰즈와 실재의 틈새를 향한 개체라는 닫힘에서의 욕동을 강조한 라캉이 보여주는 차이는 전자는 철학자로서, 후자는 정신분석가로서 귀결된 당연한 견해 차이일지도 모른다.

한편, 개체를 구성하고 유지하는 데에 필요한 뇌와 면역 기능이 이러한 운동성에 관여하고 있는 예로는 멍게의 사례가 있다. 발생 과정 중에 올챙이와 같은 형태로 떠다니다가 정착하여 더는 이동할 필요가 없어진 멍게는 운동성이 필요할 때 사용한 뇌신경세포를 스스로 먹어 없앤다.[74] 즉, 뇌가 없는 나다. 또 자기를 규정하는 면역 기능 역시 개체로서의 항상성을 유지하는 데에 기여하지만 노화를 통한 개체의 소멸을 앞에 두고는 그 기능이 현저히 떨어지게 된다. 뇌가 없는 내가 있다면 더 나아가 면역 기능이 없는 나는 과연 없을 것인가? 뇌가 없는 나는 멍게의 사례처럼 있을 수 있지만 면역 기능이 없는 내가 있을 수 없다면, 면역 기능이 자의식이라는 신경계보다 선험적인 역할을 하게 될 것이고 이는 동물에의 감정이입에 의한 메를로 퐁티와는 달리[75] 들뢰즈의 표현처럼 '기관 없는 신체'로서 이미 나라고 하는 개체성은 선험적으로 존재하는 것일 수도 있는 점이다.

그렇다면 생물학적으로 나를 규정하는 뇌나 면역 기능은 개체를 표현하고 유지하기 위한 수단에 불과할지도 모른다. 뇌와 면역이 개체화에 있어서 최종 목적지가 아니고 수단에 불과하다면 이들이 담당하고 유지하는 '개체고유성, 자기, 자아'의 실체는 매우 불분명하게 된다. 유물적 생명과학으로는 나를 규정하는 것으로서 중추신경계의 작용으로서 나타나는 자의식과 신체적 자기를 규정하는 면역계로 결정되는 것이기 때문이다. 신경계와 면역계가 나라는 개체를 표현하는 수단에 불과하다면 이들로 이루어진 '나'의 개체적 주체는 더는 이와 같은 물질적 근거만으로는 이해 불가능하다.

이렇게 내재적 생성의 미분화 배아성(undifferentiated germinal) 욕망으로서 스칼라적 욕망과 개체화로의 방향성을 지닌 분화조직성(differentiated tissular) 욕망인 벡터적 욕망을 언급하면서 굳이 스칼라와 벡터라는 물리학적 용어와 분화와 미분화라는 생물학적 용어를 욕망에 접목시킨 것은 근원과 개체, 반복과 차이, 그리고 계통 발생과 배아 발생의 근저에 깔린 방향성 내지 지향성을 지적할 수 있기 때문이다. 이러한 지향성으로 인해 생물계의 다양한 개체의 등장과 더불어 자아라는 주체성이 모습을 드러내게 된다. 물론 여기서 논의를 위하여 욕망을 스칼라적인 것과 벡터적인 것으로 나누어 이야기는 하지만 양자는 마치 바다와 그 위에 일어나는 파도와 같이 둘이 아니다. 그렇다면 개체적 욕망을 결핍으로 바라보는 라캉과 생성하는 내재적 힘으로 파악하는 들뢰즈의 입장은 개체고유성을 지닌 생명체의 욕망을 어느 방향에서 이해하는가의 관점 차이에 불과하다.*

* 개인적으로는 생성하는 내재된 힘으로서의 인간의 욕망이 (부모미생전 본

주변의 그물눈에 따라 변하는 '생명의 그물망 속 그물눈'

수정란에 담겨진 유전정보로부터 시작되는 개체 형성에 있어서 성숙한 개체의 해부구조나 생리학적 구성은 기본적으로 필요한 영양분만 있으면 시간의 흐름에 따라 배아로부터 자체적으로 자기 형태를 발현하는 발생 양식을 보인다. 그러나 유독 생명체의 개체고유성에 기여하는 신경계와 면역계의 형성에 필요한 정보는 배아 자체가 지닌 정보와 영양분만으로는 부족하며 제대로 된 기능과 형태 발현을 위해서는 끊임없는 외부와의 교류가 필요하다.* 그것도 단순한 직선적 선형관계가 아닌 네트워크 구조의 비선형적 창발적 과정이다. 다시 말해서 신경계와 면역계로 나타나는 생명 현상의 주요한 특징인 개체고유성은 주위와의 관계 속에서 창발적으로 형성되는 것이지 결코 폐쇄적으로 진행되는 자체 충족적인 개념이 아닌 것이다.[76] 이러한 창발 현상을 가능하게 하는 생명체의 주위와의 관계성이야말로 주위에 대한 열려 있음, 즉 생명체의 개방성으로 규정할 수 있다.[77]

이렇게 생명체가 생명체이기 위해서는 고정되어 존재하는 것이 아니라 끊임없는 외부와의 교류가 필요하기 때문에 생명

래면목) 태어나면서부터 사회와 접하고 점차 억압되어 간다고 보는 들뢰즈의 주장에 동의한다.

* 예를 들어 청각장애가 있는 어린이는 언어기능에 있어서 손상이 없어도 말하는 기능이 발달하지 못한다. 유아를 자극이 차단된 환경에서 키울 때의 지능발달 장애는 잘 알려져 있으며, 또 완전 무균 상태로 사육된 동물은 자신의 개체성을 유지시키는 면역 기능이 발달하지 못해 조기 사망하게 된다.

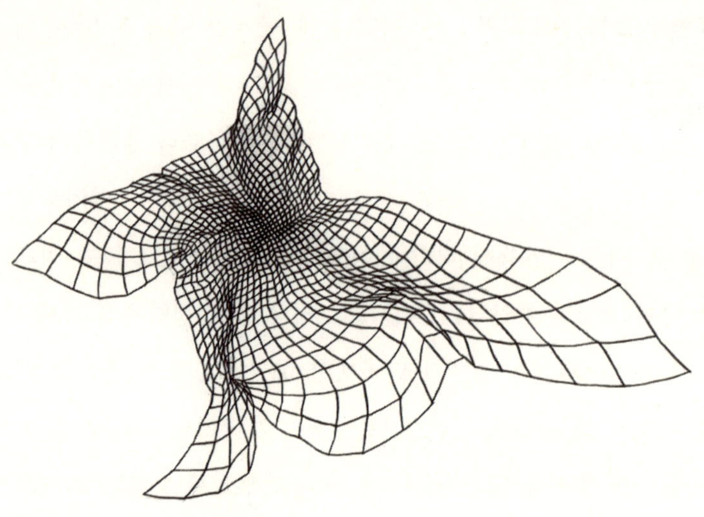

● 그림 7 김주현 작, 〈펼쳐지는 삶〉(2008)

체를 구성하고 있는 물질은 비록 개체의 경계를 이루어 형태를 만들고 있지만 구멍(hole)으로 존재한다고 말할 수 있다.* 우주에서 중간계에 속한 생물체 역시 소립자와 마찬가지로 본질적으로 텅 비어 있는 관계만의 집합인 것이다. 이 말을 다시 표현한다면 생명체는 고정된 실체나 확정적으로 특정 상태나 위치

* 구멍이란 양 경계를 연결하는 열린 구조이다. 생명체를 표현하는 구멍(hole)은 단순 물질로부터 생명 현상을 지닌 물질로의 창발적 전이가 일어난다는 점에서 천체물리학에서 우주의 역동적인 모습을 보여주는 검은 구멍(black hole), 그리고 아직은 실험적인 증거가 요구되고 있기는 하지만 검은 구멍에 수반된 흰색 구멍(white hole)과 벌레 구멍(wormhole) 중에서 벌레 구멍에 가깝다. 하지만 중요한 점은 생명을 이렇게 표현함으로써 개체인 생명체와 전체로서의 이 우주는 부분과 전체의 구분 없이 구멍의 모양으로서 서로 교차하면서[相入] 유사한 역동성을 보이고 있으며 또한 우주와 개체로서의 생명체는 서로 자기 반복적 프랙탈 구조관계에 있다고 말할 수 있다.

를 지정할 수 없이* 무수히 많은 구멍으로 이루어진 망사와 같은 형태라고 말할 수 있다. 이러한 인드라 망과 같은 네트워크 구조는 자연계의 전형적인 모습이기도 하다.(그림 7)

여기서 주목해야 할 것은 각각의 생명체는 일반적으로 생각하듯 그물망의 그물코에[78] 있는 것이 아니라 그물눈에 자리 잡는다. 한 개체를 의미하는 그물눈의 크기는 스스로 정해진다기보다는 주변의 그물눈에 의해 정해진다. 어떤 이의 크기는 매우 좁아 자기 자신마저 수용하지 못하는 작은 크기인가 하면, 어떤 이는 사회나 민족, 더 나아가 모든 인간을 수용할 크기를 지닌다. 또한 하나의 그물눈이 커질 때 주변 그물눈도 같이 커지며, 주변 그물눈이 커지면 자신의 그물눈도 같이 커진다. 따라서 그물망에서의 존재는 그물눈에 있음으로 보아야 하며, 그럴 때 각각 존재의 열린 상호 관계성이 더욱 명확해진다.

합리적인 삶과 상호관계성

선택과 행동의 근거가 되는 합리성[79]

근대 과학문명에서 합리성은 곧 이성적인 합리성을 의미한다. 하지만

* 또한 하이젠베르그의 불확정성의 원리나 수학자인 괴델의 불완전성의 정리도 생명체에 대한 정의에 적용될 수 있다. S. Goldberg, *Consciousness, Information, and Meaning: The Origin of the Mind*, Miami: MedMaster, 1998, pp.69-71.

근대 과학문명에서 종종 이야기되는 인간소외와 더불어 2차 세계대전 이후 지구상에 종종 보게 되는 인종청소와 같이 다양한 비이성적 집단 광기는 어떻게 설명할 수 있을 것인지는 불분명하다. 인간이란 이성만을 지닌 것이 아니라 감성과 영성도 가진 존재라면 과연 합리적 이성이 다른 인간의 속성을 대표할 수 있을 것인지 의문을 지녀야 한다.

합리적 이성을 포함해 감성이나 영성이라 불리는 다양한 면을 지닌 것이 인간이며, 삶의 각 영역을 대표하는 과학이나 예술, 종교 등은 모두 인간이 보다 풍요롭고 행복한 삶을 살아가는 데 필요하다. 삶의 현장에서 이 세 영역은 서로 통합적이고 합리적인 관계를 이루고 있다.

합리성이란 삶의 현장에서 각 개인의 선택과 행동의 근거가 된다. 다시 말하면 사람은 합리성에 근거하여 각자 합리적인 선택을 하고, 그 선택으로 자신의 삶을 만들어간다. 하지만, 그러한 선택은 가치판단을 수반해야 하기에 시대와 문화에 따라 달라질 수밖에 없다. 합리성의 발현은 고정된 형태가 있다기보다는 늘 가변적인 개인적, 사회적, 문화적 모습을 반영한다.[80] 이를 달리 표현한다면 '인간의 삶이 합리성을 규정'한다. 그러나 분명한 것은 사람은 누구나 객관적으로 어떻게 보이건, 자기 나름대로 자신이 원하는 선택을 하며 살아간다.[*]

* 한편, 주체적 삶이 지닌 자율성의 근거로서 합리성과 자유의지는 상호 연관되어 있는 주제이나 이 글의 범위를 넘기에 생략한다. R. Rorty, *Essays on Heidegger and Others: Philosophical Papers 2*, Cambridge University Press, 1991,

개인의 삶이 각자 나름의 합리적인 선택으로 진행된다면, 개인 차원에서의 합리성과 사회나 집단에서 공유할 수 있는 합리성을 구분할 필요가 있다. 전자를 주관적 합리성이라 한다면, 후자는 객관적 합리성이라고 부를 수 있다. 객관적 합리성을 사회적 내지 집단적인 규범(norm)으로 작동하는 합리성이라 한다면,[81] 주관적 합리성은 개인의 사적 경험과 지식 및 정보의 한계 내에서 이루어지는, 자신만의 합리적 사유 근거가 되는 제한적 합리성(bounded rationality)에 가깝다.[82] 따라서 통합적 인간을 구성하는 합리성에는 이성, 감성, 영성의 합리성이 있을 수 있으며, 각각의 합리성은 객관적, 주관적 합리성으로 나뉠 수 있다.

합리성이란 말을 동양식으로 달리 풀어본다면 이는 이치[理]에 적합하다는 의미로써, 이와 사(理와 事) 내지 이와 기(理와 氣)에서 이에 해당된다. 사(事)에서의 원리를 사리(事理)라 하고, 이에 상응하는 본질적인 이치를 진리라 말한다. 따라서 본디 합리적이란 말의 의미는 진리에 적합하다는 것이지, 단지 이성적 합리성만을 가리키는 것은 아니다.

감성과 욕망에 근거한 합리성

21세기에 우리의 삶을 규정하고 있는 과학문명사회에서는 이성적 합리성이 강조되어온 셈이다. 하지만 생명체로서 저마다 고유한 삶을 영위하는 개체고유성을 지

pp.193-198.

닌 자율적 인식 주체이자, 사회생활의 주인공으로서의 인간이라면, 인간의 가치 판단이나 행동 양식의 근거로서 이성적 합리성만을 거론하는 것은 인간에 대한 이해 부족이다. 인간의 선택이란 어느 쪽이 합리적인가 판단하고 수용한 과정에서 생겨난 현상이다. 합리성은 인간에게 의미를 만들어내고 가치를 부여하게 한다. 세상을 인식하는 자율적 주체로서 외부로부터 받아들인 '선택적 정보'는 그것에 반응하면서 의미를 지니게 되고 그 반응 정도에 의해 가치가 형성된다.

최근 인지과학에서 주로 다루는 것처럼 인간은 스스로를 포함하여 자신을 둘러싸고 있는 세상을 선별적으로 인식하고, 그 주관적 인식에 바탕을 두어 현실을 바라본다. 이런 주관적 합리성의 근저에는 각각의 개체가 지닌 믿음(faith)이 작동한다. 그러한 믿음은 삶의 경험적 누적으로 형성되고 작동되고 진화하기에 생명체의 삶이란 본질적으로 주관적이다. 주관성이 늘 작동하기에 각 개인 이성의 합리성은 결코 합리적이지 않을 수 있다. 이는 이성이 동물적 감정이나 무의식의 영향을 받기 때문에 합리적이 되지 못한다는 식의 관점이 아니라, 사람의 이성이 구성되는 과정 중에 이미 주관적 인식이 개입하기 때문이다. 그렇기에 객관적 합리성에는 비합리성이 자리 잡고 있음을 뜻한다. 사람의 이성적 합리성에는 과학적이자 객관적인 합리성과 동시에 결코 합리적이지 않은, 그러나 개인에게 있어서는 합리적인 주관적 합리성이 있다.

또한 합리성이란 이성에 근거한 합리성과 감성적 합리성,

그리고 영성에 근거한 합리성으로 나뉠 수 있다. 비록 서로 다른 영역에서의 합리성이지만 그 어떤 유형의 합리성도 구성원의 주관적 측면과 집단 내의 객관성을 동시에 지니고 있으며, 이러한 합리성은 사람에게 있어서 서로 분리되어 있지 않고, 통합적인 합리성으로 존재하며, 이 통합적 합리성은 인간의 삶을 충만하게 하고, 인간이 행복을 느끼도록 한다. 다양하고 경우에 따라 주관적인 모습을 가질지언정 합리성은 현장에 바탕하고 있는 구체적 삶으로 규정되기에 결코 추상적인 개념이 아니다.

이 같은 맥락에서 본다면 합리성을 인간만이 아니라 생존하는 모든 생명체에까지 확대할 필요가 있다. 자연계에 존재하는 생명체들은 비록 인간의 이성을 지니지 못했지만, 각자의 합리적 선택을 통해 생존하고 삶을 유지하고 있기에 이러한 합리성은 본능이라는 감성과 욕망에 근거한 합리성이다. 이처럼 자연법적 입장에서의 합리성과 더불어 이성의 합리성이 지닌 제한성을 인정한다면, 우리가 일상적으로 사용하는 합리적이라는 것이 단지 이성만의 전유물이라는 낡은 생각은 더는 자리 잡지 못한다.

결국, 우리가 과학적이라고 믿고 받아들이는 유물적이자 기계론적인 합리성 개념은 인간이 자신의 외부 환경과 맺는 관계 양식 중의 하나인 이성적 사유체제 중에서도 특정 조건을 갖춘 방식일 뿐이다. 과학은 인간의 합리적 시각을 반영하지만 인간의 모든 합리적 사고가 과학은 아니기에 비과학적이지만 많은 합리적 사고가 존재할 수 있다. 또한, 과학이 계속 발전하고 있

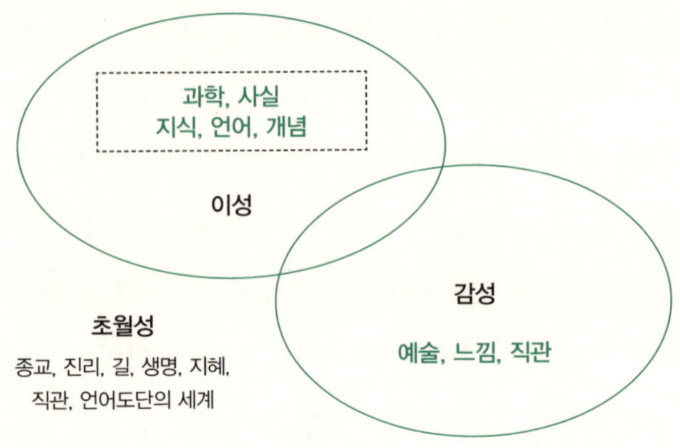

● 그림 8 종교와 과학이 지닌 평면적 합리성의 영역. 점선은 열려 있음을 강조한다.

다는 것을 인정한다면, 당대의 과학이 다루지는 못해서 비과학적이지만 훗날 과학적 설명이 가능한 영역은 무한에 가깝다는 것을 의미한다. 또 인간의 한계를 지닌 이성과 감성은 인간의 한계를 지닌 감각기관을 통해 얻어진 체계라는 것을 인정한다면, 합리적 사유에는 언어로 구조화된 이성과 감성을 뛰어넘는, 언어도단의 초월성도 인정할 수 있다. 주체적이고 행복한 삶을 사는 합리적 인간에게는 최소한 이성, 감성, 영성의 세 영역에서의 합리성이 요구되고 있는 셈이다.(그림 8)

합리성의 회복

이 시대의 과학이 지닌 권위와 권력은 욕망의 만족을 만들어내는 이성적 합리성에 대한 맹신에서 창출된다. 이성의 합리성 외에도 인간을 이루고 있는 다양한 모습의 합리성에 대한 인정과 존중을 통해 과학에 독점적으로 부여한 권력을 되찾아와야 할 필요가 있으며, 이는 이성만이 강조되어 파편화된 삶을 되찾는 것이다. 신자유주의 시대에 우리의 삶이 회복되기 위해서는 이미 도그마를 지니고 신격화된 이 시대의 과학에 대한 탈신화화가 요구된다. 이것은 '이성 독재시대'*에 대한 거절이기도 하다.

이성의 합리성이 이루어낸 독재 상황에서 감성과 영성의 합리성을 되찾는 노력이 필요하다. 하지만 자기만의 주관적 세계로 퇴행되기 쉬운 영성이기에 영적 합리성의 회복과 동시에 객관적 합리성을 확보하지 않으면 영성이 지닌 주관적 합리성이 보다 강조되어 폐쇄적인 권력집단화가 일어난다. 영적 합리성과 더불어 영성의 객관적 합리성을 되찾을 때 과학문명시대에 보다 풍요로운 제안과 방향을 제시할 수 있을 것이다.

어쩌면 삶이 파편화된 과학시대에 합리적 신앙은 과학 지식보다 훨씬 강력할 수 있다. 인간에게 충만한 삶을 가능하게 하기 때문이다. 시대와 문화를 떠나 삶의 본질이 변하지 않음을 생각해볼 때 자신의 삶을 시대나 문화에 따라 변하지 않는 진실의 시각에서 바라보아야 할 것인지 아니면 시대와 문화에 따라 변하는 사실적 시각으로 풀어가야 할지는 분명하다. 영적 합리성은 무시된 채 이성적 합리성에 의한 '앎'만이 강조될 때, 통합적 '삶'을 상실하게 된다. 또 주관적 합리성과 믿음만이 강조될 때 맹목적 신념과 열정으로 인해 삶은 피폐해진다. 그런 면에서

* 감성의 영역인 미술을 공식적으로 가르칠 수 있는 미대 교수가 되려면 박사학위가 요구된다는 것은 사회 차원에서 감성 영역마저 이성의 통제가 이루어짐을 보여준다.

건전하게 통합된 다양한 합리성은 '앎과 삶의 거리'를 좁히는 역할을 통해 삶의 건강함으로 발현된다.

한편, 과학은 합리적 사고 중에서 특정 체제와 스타일을 지니고 있는 일종의 문화이다. 그렇기에 인간은 과학이 방법에 의존해 끊임없이 그 경계를 넓혀가는 지식체계임을 인정하고 다른 층위의 여러 합리성에 대하여 오만하지 않아야 한다. 과학과 자본이 부정적인 것이 아니라, 인간 삶의 일부분임에도 불구하고 이들을 모든 가치의 최상위에 둠으로써 과학과 자본은 과학주의와 자본주의가 되었다. 그리하여 인간이 지닌 다양한 합리성이 무시되고 근대 이성과 욕망에 종속된 우리들의 삶을 되찾음으로써 결국 과학의 탈신화화와 더불어 삶의 협동성을 강조하는 감성과 영성이 합리성을 얻을 수 있을 것이다. 과학적 이성이 강조된 이 시대에 통합적인 행복한 삶을 위해 필요한 것은 디오니소스적인 감성의 합리성과 더불어 우리가 잃어가고 있는 영적 합리성임은 분명하다.

열림과 참여

일상의 삶 속의 깨어 있는 삶을 위해서는 생명체의 개체고유성에 대한 재인식이 필요하며, 또한 깨어 있음에는 아상(我相)이라고 불리는 그러한 개체고유성이 고통의 원인이라기보다는 오히려 다양한 존재가 서로의 차이를 보면서도 차별 없이 상즉(相卽)하는 근거가 된다는 점에서 아상에 대한 적극적 해석이 필요하다.* 아상이 주위와의 관계에서 닫혀 있느냐 아니면 열려 있느냐의 차이가 아상을 아상 아닌 것으로 만들 수 있다. 아상에 대한 적극적 입장이 반영될 때, 모든 다양한 생명체의 존재 근거로서의 욕망은 머무르거나 집착하지 않기에 참으로 소중한 것이다.

자신이 중심에 서서 열린 관계 속의 삶에서 보면 너와 나 그 누구나 관계의 중앙에 있다. 우리 모두의 존재가 저마다의 중앙점에 있을 때 그것은 평등과 존중의 인드라 망의 구조가 된다. 이러한 '자기중앙적(network-centric) 관계'에서는 각자의 위치에서 차이는 있을지언정 더 할 것도 덜 할 것도 없으니 버릴 것도 없고 찾을 것도 없다. 너와 내가 다르지만 같다. 그러나 '자기중심적(ego-centric) 관계'에서 나를 중심으로만 세상을 바라보며 살아갈 때 그곳에는 중심이 있고 변방이 있어 간택(揀擇)이 생긴다. 그래서 이곳에서는 차이가 차별이 되고 너와 나는 영원히 변방과 중심의 관계이다.

자기중앙적 삶을 위하여 복잡계적 접근으로 깨달음의 문제를 접근할 때 옛 선사들이 수행자들에게 준 간단하고도 짧은 경구가 그대로 적용된다. 복잡계적 접근으로 보아도 더욱 분명해지는 것으로서 수행에서의 끊임없는 정진의 중요성이다. 대오

* 상즉(相卽)의 이(理)로서의 근거는 근본 자성(自性)이지만 사(事)의 측면에서 현장에서의 구체적인 질료(質料)로서의 근거는 개체고유성이라는 아상(我相)에 근거하여 펼쳐지고 있음을 인정해야 살아있는 일상이 그대로 화엄적 표현이 된다는 점이고, 이것이야말로 선종이 본래 지향하는 사사무애의 장(場)이다. 다시 말하면 금강경에서 아상이 무상임을 강조하는 것도 필요하지만, 그것이 일상의 삶 속에서 더는 관념적으로 되지 않기 위해서는 무상(無相)으로서의 아상(我相)의 소중함을 말하는 것도 중요하다(能善分別相 第一義不動 但作如此見 卽是眞如用_육조단경 중에서). 우희종, 『생명과학과 선』, 미토스, 2006, 184-187쪽.

각성(大悟覺醒)에 있어서 오(悟)라는 깨달음이 곧 각(覺)이라는 현재진행형의 바탕이 되기 위해서는 그러한 깨달음이라는 것마저 놓아버려 얻는 바가 없어야겠지만,[83] 이것은 일상과는 동떨어진 탈세속적이고 초인적인 수행에 대한 강조나 어려운 복잡계 과학을 굳이 거론하지 않더라도 나무 하고 물 긷는 일상의 삶의 현장에서의 모습이 중요함을 역설하고 있다. 삶의 현장에서 빛나는 것은 주체로서의 나일 뿐이다.

따라서 '나의 의미가 무엇이냐'는 바로 자신의 '삶'의 문제임을 바라볼 때 결국 복잡계가 말한 것처럼, 극심한 혼돈의 경계, 즉 양쪽을 아우르고 그 양변을 수용하며 경계인으로서 불이(不二)의 삶을 살아야 한다. '나'라고 하는 아상이 없으면 화엄세계도 없다. 단지, 그것에 집착하는 마음, 머무르려는 마음, 물든 마음을 경계해야 한다. 생명체는 나라는 개체고유성을 지니는 것이 특징이며, 그것이야말로 생명 소중함의 근간이고 모든 깨달음의 씨앗이다. 그러한 의미에서 불가에서의 불살생이란 모든 생명체가 지닌 개체고유성의 소중함을 의미한다.

'나'라는 존재를 통하여 그 모습을 드러낸 '생명'은 '주위와의 관계 속에서 전체이면서 부분이고 부분이면서 전체인 창발적 형태'다. 우리 모두가 자유롭고 행복한 생태적 삶은 우리를 억압하는 것이 무엇인지 바르게 알아차려 고치도록 노력해야 한다. 우리의 삶을 억압하며 폭력을 사용하는 것은 다름 아닌 언제나 자기 자신을 중심에 놓고자 하는 닫힌 마음이고 욕망이다. 사회, 문화, 과학, 종교 등 우리의 삶을 풍요롭게 만들려고

한 것들이 우리들의 과도한 욕망과 결합할 때 억압으로 작용하고 결과적으로는 관계의 단절과 왜곡이라는 폭력적 상황이 된다.[84] 하지만 너와 내가 관계 속에서 존재하고 있다는 말을 생각해보면, 이 세상 모든 존재는 존재한다는 그 자체만으로 주위에 빚지고 있으며 동시에 빚을 주고 있다는 점이다. 일상에 감사하며 또한 내가 주위에서 왜곡된 관계로 인하여 고통 받고 힘들어하는 이들을 위해 적극적으로 나서야 하는 이치다.

생명이란 관계이다

현대 과학은 서양 중세 때 '신의 뜻이란 기준'으로 인해 질곡에 있던 인간을 구원해준 합리적 이성에 그 근간을 두고 있다. 이러한 합리적 이성에 의한 '인간의 기준'으로 인간들의 욕구가 충족되는 근대가 가능하게 되었지만, 근대성이란 그 자체가 자연과의 관계를 무시한 인간 중심의 사고체계이며, 차별과 배제를 담고 있는 하나의 가치체계이다. 우리에게 '인간의 기준'을 선사한 합리적 이성을 통해 우리가 얻은 것은 우리의 욕망 충족이요, 잃은 것은 대상화된 자연에 대한 수탈로 야기된 생태계의 파괴된 모습과 생명성의 왜곡이다. 더욱이 근대성에 의해 자행된 생태계의 왜곡과 파괴는 이제 그 흐름을 바꾸어 오래 살고 싶다는 욕망과 다국적 기업의 이윤 창출을 위한 수단의 모습으로 지속적으로 진행되고 있다.

생명이란 관계와 다름없다. 이러한 관계성이 생명 진화의 기본적 터전이기도 하다. 생명체는 삶이라는 형태로 진화의 과

나는 누구인가?

나는 누구인가라는 질문은 철학의 주요 질문 중의 하나이지만 이 질문 자체는 매우 관념적이고 공허한 질문이기도 하다. 그것은 내가 누구이건 나 자신만으로는 스스로 의미를 지닐 수 없음에도 불구하고 이 세상 그 누구도 나와 같거나 나를 대신할 이는 없기 때문이다. 과연 내가 누구인지 스스로 의미를 지니고 나 자신만으로 답할 수 있는 자가 있을까?

우리는 그런 자를 '스스로 존재하는 자'라고 말하면서 신(神)이라는 명칭을 부여하기도 하지만 역시 유한한 인간에게 적용하기는 어렵다. 또한 누구도 대신할 수 없는 각자의 개체고유성을 인정한다면 '나는 누구인가'를 만족시킬 보편적인 '나'가 존재할 것이라고 믿는 것처럼 어리석은 것도 없다. 그렇기 때문에 보편적 나를 찾아온 수많은 철학자들의 시도는 여전히 무위에 그치고 이 질문에 대한 명확하고 쉬운 답은 아직도 존재하지 않는다.

분명히 생명체는 태어나 주위 대상을 인식하면서부터 비로소 나라는 인식을 갖게 된다. 즉, 타자(환경)를 통해 나라는 자의식을 갖게 된다. 나는 너로 말미암아 나타난다. 따라서 '나는 누구인가'라는 질문은 곧 '너는 누구인가'와 직결된다. 아니 보다 정확히 말한다면 나는 너와의 '관계'에 의해 결정된다. 이렇게 살아가며 맺는 너와의 관계, 우리는 이것을 삶이라 부른다.

삶이라는 것은 '내가 맺어가는 너/주위와의 관계' 외에 다름 아니다. 결국 나는 나의 삶으로 이루어지며, 그것은 내가 내 주위와 맺고, 맺어 가는 관계로 이루어지기에 우리 모두 자신만의 삶이 각자의 나를 구성한다. 따라서 지금 이 자리에서 내게 주어진 것은 내가 아니라 나의 삶이다. 나는 나의 삶을 통해서 나로 존재하며 그것이 나의 현존(現存)이다.

더 나아가 지금 이 자리에서 내게 주어진 것은 내가 아니라 나의 삶이라는 말은 우리에게 있어서 각자의 삶이 '자신에게 주어진 모든 것'임을 의미한다. 따라서 나는 누구인가라는 우매한 질문 대신 '나의 삶은 무엇인가?' 혹은 '내 삶의 의미는 무엇인가?'라고 바꾸는 것이 차라리 나을지 모른다.

결국 나를 가장 나답게 하는 것은 바로 나의 삶이며, 나의 삶이란 내가 맺는 내 주위와의 관계이기에 나를 나답게 하는 것은 바로 이러한 관계성이다. 나의 삶이 나요, 너라고 하는 이 세상과의 열린 관계가 곧 나라고 하는 존재의 근거다. 따라서 나를 나답게 하는 것은 너라고 하는 타자이며, 거꾸로 너라는 타자도 나로 말미암아 존재할 수 있기에 이러한 관계성을 안다면 나와 너가 서로 구별되거나 서로 달리 볼 수 없음을 알 수 있다. 이것이 진정한 나이다.

그렇기에 누가 나는 누구인가 묻는다면, '나의 삶이 나요, 나를 가장 나답게 하는 것은 내 삶 속의 당신'이며, 이것은 성경의 '네 이웃을 내 몸과 같이 사랑하라'는 말씀이나 자리이타(自利利他)라는 불교 가르침의 근간이기도 하다.

한편, 이렇게 우리 모두가 삶이라는 관계 속에 존재한다는 것은 굳이 생태학에서 말하는 생명의 그물망이나 불교의 인드라망이라는 말을 빌려오지 않더라도 우리 모두는 각자의 위치에서 지금 이대로의 모습으로 모두 연결되어 씨줄과 날줄로 이루어진 그물망(network) 구조를 이루고 있음을 말한다. 삶 자체가 그물망이다. 그러나 중요한 것은 우리 각자는 흔히 생각하듯 이러한 그물망 구조에서 씨줄과 날줄이 만나는 그물코에 있는 것이 아니라 씨줄과 날줄로 이루어진 사각형의 공간인 '그물눈'이다. 더 이상 변하지 못하는 그물코라는 점이 아니라 씨줄과 날줄의 관계 속에서 그 크기가 얼마든지 변하는 그물의 텅 빈 공간이다.

나의 삶이 그물망이자 유연한 공간이라면 우리 각자의 삶이 지니는 공간을 생각해보자. 그 공간의 크기란 각각의 존재가 담고 있는 삶의 의미일 수도 있다. 각자의 삶을 나타내는 각각의 그물눈의 크기에 따라서는 전 우주를 담을 수 있는 공간이 있는가 하면 어떤 공간은 바늘 하나 들어가지 못하는 크기를 지닐 수 있다. 삶에서 필요한 것은 그물의 공간이 닫혀 있어 고정되어 있는지, 열려 있어 그 무엇도 다 담을 수 있는지 항상 깨어 살펴야 하는 점이다. 여기서 중요한 것은 나의 공간이 확장되면 나와 이웃한 옆 공간도 확장되며, 역으로 옆의 공간이 확장될 때 내 공간의 크기도 같이 확대된다는 점이다. 이렇게 그물망으로 표현되는 생태적 모습 안에서 우리 각자를 그물코가 아닌 그물눈으로 표현함으로써 삶이란 너와 나와 함께 함을 알 수 있고, 더 나아가 자타불이의 모습이 그대로 나타난다.

나는 누구인가? 결국 이 질문은 나의 삶은 무엇인가이며 동시에 너는 누구인가이기에, 너와 나의 삶을 떠나 답을 하려는 관념적인 공허함을 범하지 않아야 한다.

_ 우희종, 「복잡계 속에서 깨어 있는 나」, 권석만·김종주·김진무·박찬국·우희종 공저, 『나, 버릴 것인가 찾을 것인가』, 운주사, 2008, 325-380쪽.

정에 놓이게 된다. 생태적 진화가 실천의 문제로써 지금 이 자리에서의 미시적 진화에 초점을 맞추고 있는 것은 기나긴 우주의 역사를 거쳐 내려오는 진화 과정이 지금 이 자리에서의 삶의 현장에서 발현되어 나타나야 하고 또한 일상적 삶의 현장을 통해 진화 과정에 참여하고 있으며, 또 그리 되어야 하기 때문이다. 생물학적 진화론이라는 거대담론의 큰 틀에서 진화를 보면 주객이 따로 없다. 하지만 생태적 시각에 바탕을 둔 미시적 진화에서는 비록 주객이 없다 해도 삶의 현장이라는 점에서 그 분별 없는 가운데에도 분별이 있어 능동적 참여자로서의 생명체가 강조된다.

생물학적 진화에서 생명체가 주위 환경과의 다양한 관계맺음을 통하여 다양한 모습으로 진화되어 변화해가듯이 삶의 현장에서 펼쳐지는 생태적 진화에서도 다양한 형태의 관계맺음을 통하여 다양한 삶의 모습으로 나아가게 된다. 하지만 생물학에서의 진화와는 달리 생태적인 진화 과정에서는 인간이 주인 된다는 점에서 큰 차이가 있다. 비록 모든 생명체는 주위와의 관계를 통해 다양한 모습으로 진화해가지만 생태적 통찰은 인간이 주인으로서 능동적으로 주위와 바람직한 관계를 맺어가야 함을 시사한다. 삶의 현장에서의 바람직한 관계맺음을 다시 말한다면 자기 내면의 개인적인 삶이건, 가족과의 삶이건 혹은 사회에 대한 삶이건 적극적인 관계 개선을 위해서 노력함을 말한다. 그것은 실천의 문제이기도 하다. 이러한 실천이란 존재 양식을 표현한 생명의 그물망(Web of life)에서 그물눈 사랑의 형태로 발현되어야 한다. 적극적 관계 개선을 위한 참여야말로 생명 진화의 미시적 진화의 힘이다. 관계성에 대한 철저한 인식을 통해 관계가 단절되거나 왜곡되었을 때 그것을 바로잡기 위한 삶을 치열하게 사는 것이 곧 생태적 진화의 바탕이며, 이것은 생물학적 진화를 포함하되 그것을 뛰어넘는 또 다른 진화의 기작(mechanism)이다. 따라서 모든 종교나 철학에서의 비폭력의 가르침은 이러한 생태적 진화의 실상에서 나온다. 생명력에 가득 찬 삶이란 주변의 단절되고 왜곡된 관계의 회복을 위해 자신의 몸을 과감하게 던질 수 있는 삶이며, 이것이 생명이다.

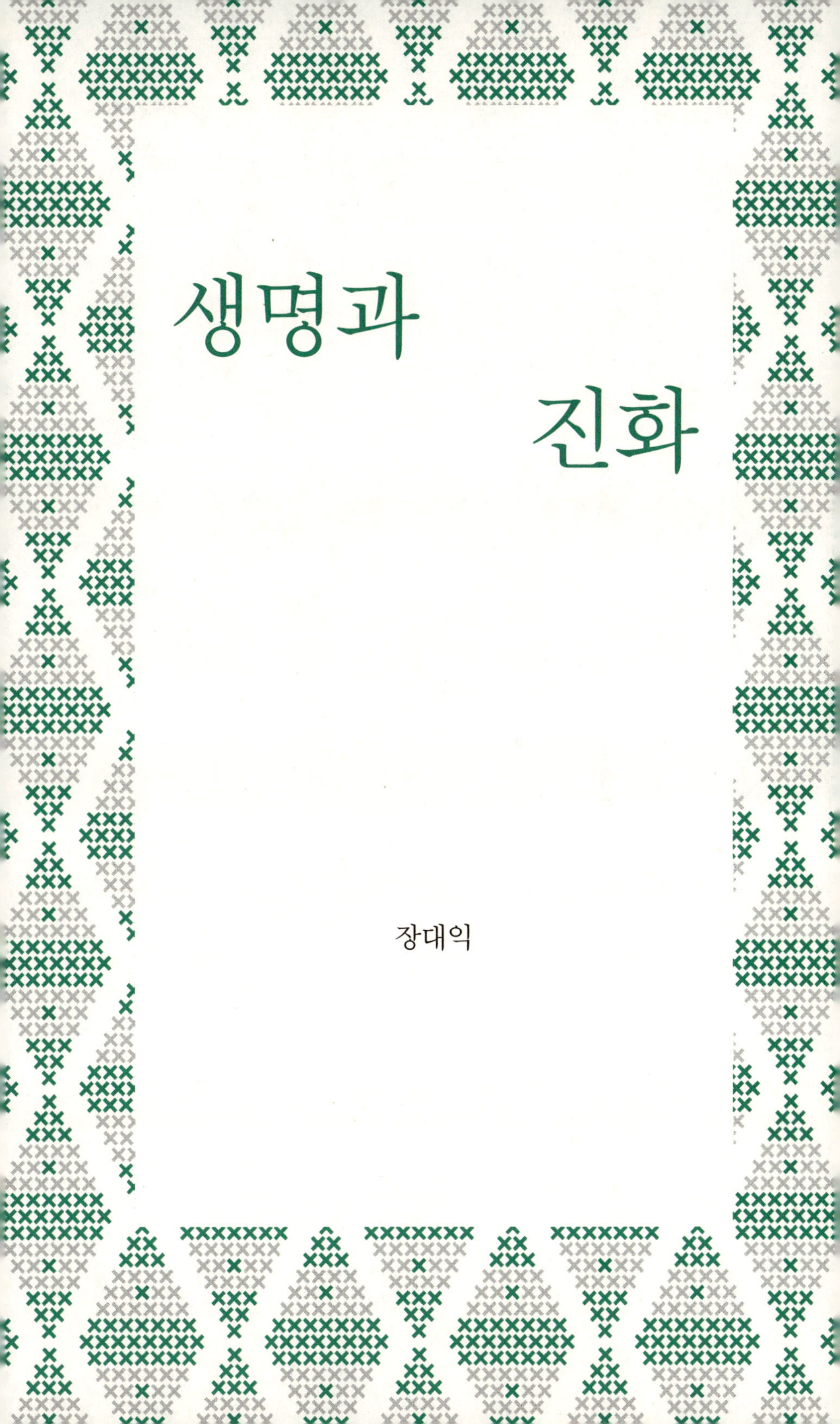

생명과 진화

장대익

장대익

카이스트 기계공학과에서 학사 학위를 받은 후 서울대학교 과학사 및 과학철학 협동과정에서 석사와 박사 학위를 받았다. 박사 학위 중에 영국의 런던정경대학교 과학철학 센터와 일본의 교토대학교 영장류연구소에서 수학했고, 박사 학위 후에는 대니얼 데닛이 소장으로 있는 터프츠대학교 인지연구소의 방문 연구원을 지냈으며, 동덕여자대학교 교양교직학부 교수를 역임했다. 2010년부터 서울대학교 자유전공학부의 교수로 재직중이며 과학사 및 과학철학 협동과정 겸무 교수를 맡고 있다. 주요 연구 분야는 생물철학과 진화학이며, 논문으로 「일반 복제자이론」「이타성의 진화와 선택의 수준 논쟁」, 저서로는 『다윈의 식탁』『다윈의 서재』『인간에 대하여 과학이 말해준 것들』『종교전쟁』(공저) 『과학에는 뭔가 특별한 것이 있다』 등이 있다. 옮긴책으로 『통섭』(공역) 등이 있다. 제11회 대한민국과학문화상(2010, 교육과학기술부)을 수상하였으며, 현재는 최신 진화론 논쟁, 문화진화론, 신경인문학 등에 관심을 두고 연구 중이다.

진화는 왜 중요한가?

〈생명과 진화〉 부분의 중심 물음은 "진화란 무엇인가?"이다. 물리의 세계를 이해하기 위해서는 양자역학과 상대성이론에 대한 이해가 필수적이듯이, 현대 진화론의 기초 없이 생명을 이해할 수는 없다. 진화론은 생명의 역사와 기능, 그리고 다양성을 과학적으로 설명하는 유일한 이론이다. 저명한 유전학자 도브잔스키의 말대로 "진화론의 빛을 비추지 않고는 생물학은 아무런 의미가 없다."

2009년은 다윈 탄생 200년, 『종의 기원』 출간 150주년이 되는 뜻깊은 해였다. 이에 인류 지성사에 끼친 그의 지대한 영향을 조명하기 위한 작업이 세계 곳곳에서 진행되었다. 다윈의 공헌은 무엇인가? 사실, 종이 진화한다는 생각 자체는 당시에 별로 새로울 것이 없었다. 그에게 상을 줘야 하는 이유는 다른 두 가지다. 하나는 자연선택이라는 진화 메커니즘을 제시했다는 점이고, 다른 하나는 나무가 가지를 뻗는 방식에 빗대 종분화를 설명했다는 점이다. 다윈은 이 두 원리를 활용해 생명의 변화 방식과 다양성을 설명했다.

이 때문에 우리는 동물원에 있는 침팬지가 아무리 세월이 흘러도 결코 인간이 될 수 없다는 사실을 이해하게 되었고, 신의 특별한 설계를 이야기하지 않고도 자연계의 복잡하고 정교한 적응들을 자연적인 인과관계로 설명할 수 있게 되었으며, 덜 복잡한 것으로 더 복잡한 것을 설명하는 비법을 터득했다.

하지만 전 세계가 200년 전의 사람의 생애와 업적을 기리는 가장 큰 이유는 그의 혁명이 '현재 진행형'이기 때문이다. 지난 반세기 동안 다윈주의는 심리학, 경제학, 철학, 문학, 의학 등에 스며들어 지식의 정글을 선도할 강력한 잡종들을 만들어냈다. 최근 주목을 받고 있는 진화심리학, 진화게임이론, 진화윤리학, 다윈의학 등은 『종의 기원』에 뿌리를 두고 위로 뻗어나간 진화론의 잔가지들이다.

물론 성공적인 과학 이론들이 대체로 그렇듯이, 진화론도 논쟁을 달고 태어났다. 심지어 『종의 기원』이 출간 50돌을 맞은 시점(1909)에도 논쟁은 사그라지지 않았고, 진화론에 '종합(synthesis)'이 일어났다고 떠들던 시점(1940년대)에도 불평분자는 존재했으며, 1970년대부터는 크게 두 진영으로 갈라져 극한 대립 양상을 보였다. 하지만 이런 혹독한 과정을 통해 진화론의 150년 역사는 오늘날 전성기를 구가하고 있다. 이것이 바로 교과서 밖에서 약동하는 실제 진화론의 진화 모습이다.

이 글에서 우리는 생명에 대한 진화론적 이해에 초점을 맞출 것이다. 그리고 현대 생물학자들의 치열한 논쟁을 뒤따라가면서 그런 이해해 도달해보려 한다. 비교적 잘 알려져 있듯이,

다윈의 후예들은 크게 두 진영으로 나뉜다. 한쪽은 영국 옥스퍼드 대학교의 동물행동학자인 리처드 도킨스(Richard Dawkins, 1941~) 진영이고, 다른 한쪽은 미국 하버드 대학교의 고생물학자였던 스티븐 제이 굴드(Steven J. Gould, 1941~2002) 진영이다. 이 두 진영은 자연선택의 단위와 힘, 진화와 진보, 진화의 속도와 양상, 그리고 유전자의 중요성 등의 쟁점들에 대해 지난 30여 년 동안 첨예하게 대립해왔다.

우리의 핵심 질문은 다음과 같다. '다윈의 위험한 생각은 무엇이었나?' '자연선택에 의한 진화란 무엇인가?' '유전자가 이기적이라는 말은 어떤 뜻이며, 동물의 행동을 이기적 유전자 이론으로 설명할 수 있는가?' '생명의 역사뿐만 아니라 인간의 문화도 진화론적으로 설명 가능한가?' '자연선택의 힘은 얼마나 강력한가?' '생명의 역사에서 우발성은 얼마나 중요한가?' '진화와 진보의 차이는 무엇인가?' '생명의 진화에는 트렌드가 있는가?' 등이다.

다윈의 위험한 생각

인간과 동물의 감정의 보편성

〈아이로봇〉이란 영화가 있다. 이 영화를 보는 다양한 관점이 있을 텐데 나는 다음 장면이 가장 인상 깊고 중요한 부분이라고 생각한다. 영화의 전반부에 '써니'라는 로봇이 레닝 박사를 살해한 혐의로 잡혀들어와 취조를 받기 직전인데, 취조실에 들어오는 형사(윌 스미스 분)가 반장과 윙크를 주고받는다. 써니는 그 윙크가 무슨 뜻인지 묻지만, 형사는 "너 같은 깡통은 이런 인간적인 것을 이해할 수 없다"며 무시한다. 하지만 이 영화가 클라이맥스로 치달을 때, 써니는 그 윙크를 실제로 사용함으로써 위기 상황을 모면한다. 윙크는 이 영화에서 딱 두 번 나오지만, 이렇게 영화의 이야기를 이끌어가는 중요한 장치다.

이 영화를 보고 질문을 던져볼 수 있다. '기계나 로봇에게는 지금 없지만, 인간에게 있는 것은 과연 무엇인가? 영화를 통해 얻을 수 있는 답은 바로 '감정'이다. 사실 우리는 감정에 대해 전혀 다른 생각을 하고 있었다. 우리는 "저 사람은 이성을 잃었다"라는 표현을 가끔 쓰는데, 이것은 인간으로서 기본적으로 가져야 할 합리적 판단 능력을 잃어버렸다는 뜻이다. 물론 나쁜 의미다. 하지만 "저 사람은 감정을 잃었어"라는 표현을 들어본 적은 거의 없을 것이다. 이것은 감정이라는 것이 인간의 가장 중요한 부분이라고 생각하지 않았었다는 증거다. 하지만 요즘은 인간다운 기계를 만들기 위한 핵심이 바로 기계에 감정 능력을 구현하는가에 있다고 믿는다. 계산 능력은 뛰어나더라도 정상적 인간이면 누구나 갖고 있는 사회성을 구현하지 못하는 기계라면 깡통에 불과하다는 얘기다.

MIT의 미디어랩은 전 세계에서 가장 창의적인 사람들이 모인 곳이다. 거기서 만드는 로봇은 우리가 만드는 것들과는 사뭇 다르다. 가령, '키즈멧(Kismet)'이라는 로봇은 몸도 거의 없고 그냥 귀엽기만 한 다소 엉성한 기계다. 그런데 이것은 전 세계에서 가장 똑똑한 로봇 중의 하나다. 왜냐면, 인간의 기본적인 감정(슬픔. 기쁨, 놀람, 역겨움 등)을 잘 구현하기 때문이다. 예컨대 그 로봇에게 "네 몸 어디 있니?"라고 물으면 시무룩해한다. 몸이 없기 때문이다. 같이 대화하는 대상의 표정이 시무룩해 보이면 힘을 북돋아주는 말을 해주기도 한다. 즉, 아직 초보적인 수준이긴 하지만 감정적인 교류를 할 수 있는 로봇인 것이다.

예전에는 이런 감정들을 구현하는 것이 인공지능의 핵심이라고 생각하지 못했다. 그러나 동물, 인간, 그리고 기계에 대한 연구가 진행될수록 감정은 더욱 중요한 특성으로 인식되었다. 사실 이러한 변화의 복판에는 찰스 로버트 다윈(Charles Robert Darwin, 1809~1882)이 자리를 잡고 있다. 대체 이 사람이 던진 화두가 무엇이었기에 그의 탄생(200주기)과 업적(그의 역작인 『종의 기원』 출간 150주년)을 지금도 기억해야 한단 말인가? 인생에는 여러 번의 변곡점이 있다. 잘 살다가 한번 꺾이는 때도 있고, 잘 안 되다가도 기사회생하는 시점이 있다. 인류의 지성사에도 그런 변곡점들이 존재한다. 다윈은 최근의 변곡점 중 가장 중요한 인물이다. 왜 그런가?

목사가 될 뻔한 다윈

다윈이 태어난 해가 1809년이니까, 2009년은 다윈이 태어난 지 꼭 200주년이 되는 해였다. 다윈이 『종의 기원』을 출간한 해가 1859년이니까, 그는 딱 50세에 자신의 걸작을 쓴 셈이다. 그런데 『종의 기원』 말고도 『인간의 유래』라는 책이 있다. 사실 다윈이 『종의 기원』을 쓰고 나서 인간에 관한 이야기는 별로 하지 않았다. 왜냐면 『종의 기원』의 내용 그 자체만으로도 너무나 혁명적이었기 때문이었다. 자신의 진화론을 인간에게 적용하는 일은 소심한 다윈에게 위험천만한 일이기도 했다. 그래서 그는 10년이 지난 후에야 인간의 진화를 다룬 『인간의 유래』를 세상에 내놓는다.

다윈은 그 다음에 『동물과 인간의 감정표현에 관하여』라는 책을 출간했는데, 이것은 우리의 처음 논의 주제였던 감정에 관한 연구서다. 당시 런던 동물원에는 '제니'라고 하는 오랑우탄이 있었는데 그 오랑우탄의 나이와 다윈 딸의 나이가 비슷했다. 그래서 그는 오랑우탄의 표정들을 관찰하면서 자기 딸의 표정들과 어떻게 비슷하고 다른가를 비교했다. 결론적으로 그는, 감정의 많은 부분이 인간을 포함한 다른 동물들에서 공통으로 나타나며, 이 감정의 보편성은 모든 동물이 같은 뿌리를 갖고 있다는 증거이기도 하다고 주장했다. 위의 세 권의 책을 흔히 '다윈의 3부작'이라고 부른다. 여기서는 주로 다윈이 어떤 삶을 살았고, 『종의 기원』이 어떻게 나왔으며, 그 책에서 다윈이 우리 인류에게 새롭게 제시한 혁명적 사상이 무엇이었는지를 살펴보고자 한다. 그리고 그런 사상이 왜 위험한 것인가에 관해서도 이야기해보겠다.

여기 '비글호'라는 배가 있다. 다윈이 4년 10개월 동안 승선한 배이다. 그가 비글호를 타고 남미를 여행한 사건이 발생하지 않았다면 어땠을까? 물론 오늘 이런 책을 쓸 이유도 없었을 것이다. 그만큼 비글호 항해는 다윈 인생의 하이라이트였고 인류 지성사에도 한 획을 긋는 큰 사건이었다. 그런데 그는 원래 그 배에 타기로 되어 있던 사람이 아니었다.

다윈의 아버지는 소위 잘나가는 의사였다. 대개 그렇듯이 다윈도 아버지의 뒤를 이어 의학 공부를 하러 당시 영국 사회의 최고 의과대학이었던 에딘버러대학에 입학한다. 그런데 그는 의과 공부에 별로 취미가 없었다. 특히 의사 수업에서는 수술이 필수 과목이었는데, 당시에는 마취제가 발명되기 전이었기 때문에 환자를 붙들어 맨 후에 빨리 수술을 해서 고통을 최소화하는 것이 수술을 잘하는 것으로 통했다. 다윈은 아비규환의 끔찍한 수술 광경을 견뎌내지 못했다. 비위가 약해 수술 도중 뛰쳐나가기를 반복하다가 결국에는 적응하지 못해 자퇴해야 했다. 이제 18세의 청년이 갈 곳은 고향밖에 없었다. 낙향한 다윈은 의기소침해서 들로 산으로 사냥이나 하러 돌아다녔는데, 아버지가 보기에는 그 모습이 너무나 한심했던 모양이다. "다윈, 너는 우리 가문의 수치가 될 것이야"라는 망언까지 했으니 말이다.

어쨌든 다윈의 집안은 엘리트 계층이었고 부유했다. 다윈을 의사로 만들기는 어려울 것 같다고 판단한 아버지는 전략을 변경한다. 그는 다윈의 등을 떠밀어 케임브리지 대학교의 신학대학에 입학시킨다.* 당시 성공회 목사라는 직업은 의사 다음으로 번듯한 것이었다. 하지만 다윈의 마음은 늘 콩밭에 가 있었다. 신학을 공부하긴 했지만, 다윈의 꿈은 이제나 저제나 남미를 한 번 여행해보는 것이었다.

간절한 꿈은 결국 이루어지고 마는 것일까? 원래 비글호를 타기로 되어 있던 청년이 출항 며칠 전에 갑작스레 마음을 바꿨다. 그도 그럴 것이 당시에 그런 배를 타게 되면 살아 돌아올 확률이 반 정도밖에 되지 않았기 때문이다. 갑작스러운 사태에 비글호의 선장 피츠로이는 케임브리지 대학의 핸슬로 교수에게 '한 사람 빨리 추천을 해 달라'고 부탁했고, 핸슬로는 평소에 박물학과 지질학에 대한 지식이 남달랐던 다윈이라는 청년을 떠올리게 된다. 물론 핸슬로의 추천서도 다윈의 아버지에게는 통하지 않았다. 어느 부모가 죽어 돌아올지도 모를 위험한 항해에 자식을 쉽게 보내겠는가? 하지만 아버지의 반대는 외삼촌(이후에는 다윈의 장인이 된다)의 추천서로 누그러졌고 결국 다윈은 아버지의 경제적 지원을 약속받고 비글호에 승선하게 된다. 그런데 외삼촌의 추천서 내용이 흥미롭다. 거기에는 다윈을 보내도 좋은 이유가 적혀 있는데 다음과 같다. "다윈이 이후에 목사가 되는 데에도 이런 경험은 매우 중요하다." 정말 다윈은 목사가 될 뻔한 사람이다.

* 물론 오늘날 영국의 케임브리지 대학교는 입학하기 가장 어려운 학교 중의 하나로 최고의 명문이지만, 다윈은 당시 엘리트 계층이었기 때문에 어렵지 않게 입학할 수 있었다.

비글호는 호화스런 크루즈가 아니었다. 큰 배도 아니고 좋은 여건도 아니었다. 비글호는 앞뒤 길이가 26미터밖에 되지 않는 작은 배다. 그 안에서 4년 10개월을 지내야 했으니 얼마나 힘들었겠는가? 비글호의 항로는 영국의 플리머스 항구에서 출발해서 브라질, 아르헨티나, 칠레 등 남미를 거쳐서, 에콰도르의 갈라파고스 제도를 통과하고 귀항하는 경로였다. 갈라파고스 제도는 '세상을 바꾼 섬'이라는 별명을 갖고 있을 정도로 매우 유명하다. 10여 개의 크고 작은 섬으로 구성되어 있는 그 공간에서 그는 '다윈의 핀치(finch)'라고 알려져 있는 핀치류를 채취했다.

세상에서 가장 아름다운 '하물며'

많은 사람이 그 당시에 갈라파고스 제도를 지나는 다윈의 머릿속에서 어떤 혁명적인 사상이 떠올랐을 것이라고 생각한다. 하지만 실제로는 그렇지 않다. 다윈은 여러 섬을 돌며 새들을 채취해 돌아왔는데, 영국에 귀항한 직후까지도 그 표본들이 모두 핀치류라고 생각하지는 않았다. 왜냐하면 몸 크기나 부리 모양도 제각각이었기 때문이다. 그러다 보니 그 표본들이 얼마나 중요한 것인지 잘 알지 못했다. 어느 정도였는가 하면, 표본들의 출처마저 기록하지 않아서, 나중에 그 중요성을 깨닫고 나서야 부랴부랴 선원들에게 편지를 써서 알아내려고 했을 정도였다. 표본의 중요성은 '제임스 굴드'라고 하는 그 당시에 최고의 조류분류학자의 말을 듣고 깨닫게 된다. 굴드는 다윈의 표본들이 모두 핀치류로서 각기 종만 조금 다를 뿐이라는 이야기를 해줬다.

다윈은 이 말을 듣는 순간 망치로 머리를 한 대 얻어맞은 느낌이었을 것이다. 그는 자신이 별 생각 없이 채취해온 표본들을 새롭게 해석하기 시작한다. 에콰도르의 본토에 살던 핀치가 갈라파고스 섬들로 날아온 후 먹이 환경에 따라 부리 모양이 변화했을 것이라고 가설을 세운다. 가령, 견과류처럼 딱딱한 먹이가 많은 환경에서 핀치는 뭉뚝한 부리를 갖게 되고 자잘한 씨앗들이 많은 환경에서는 젓가락 같은 부리 모양을 한 핀치가 생존에 유리하다는 예측이다. 물론, 핀치가 먹이 환경에 적응하기 위해서 부리 모양을 '의도적으로' 변화시킨다는 이야기는 아니었다. 이런 생각은 '용불용설'로 유명한 프랑스의 생물학자 라마르크의 사상이다. 다윈의 생각은 조금 다른 것이었다. 즉, 부리 모양이 조금씩 다른 핀치가 처음에 있었고, 그중에서 특정 환경에 우연히 더 적합한 부리를 가진 핀치가 생존에 더 유리하게 되었으며, 그런 부리 모양을 가진 핀치들이 점점 더 늘어나게 된다는 식이다. 이런 식의 설명이 바로 다윈의 '자연선택(natural selection)' 이론의 전조격이다. 그런데 중요한 것은 이런 참신한 생각을 다윈이 갈라파고스 제도에서는 하지 못했었다는 사실이다.

소심하고 한심했던 청년을 오늘날의 다윈으로 만든 가장 중요한 요소는 경계 없는 호기심과 열정이다. 다윈은 엘리트 계층에게는 잘 어울리지 않는 행동을 많이 했다. 예컨대 옆 동네에 있는 육종사에게 편지를 써서 비둘기 육종에 관한 구체적인 지식을 습득하는 것을 즐겼는데, 실제로 그의 책들에는 비둘기나 개를 교배해 원하는 종류의 동물들을 얻었다는 이야기가 많이 나온다. 다윈은 이것을 '인공선택'이라 불렀다. 이 인공선택을 통해 육종사들은 불과 몇 세대 만에도 목도리를 두른 비둘기와 같이 우리가 원하는 형질들을 얻어낼 수 있었다. 이것이 다윈을 흥분하게 했다. 그는 이런 관찰들을 통해 다음과 같은 결론에 이르게 된다. '이렇게 몇십 년 만에도 우리 인간이 원하는 종류의 형질을 가진 동물들을 만들어낼 수 있다면, 하물며 자연은 수백 수천만 년의 세월 동안에 이렇게 다양한 자연계의 생물들을 만들어낼 수 없었겠는가?' 나는 이 추론을 세상에서 가장 아름다운 '유비 추론'이라고 부른다. 즉, 육종사의 인공적 선택에서 자연의 자연스런 선택으로 나아가는 추론! 이 자연선택이란 생각은 1859년 11월 24일에 출간된 『종의 기원』의 핵심이었다.

『종의 기원』은 꽤나 성공적이었다. 초판 1,250부가 출간 당일에 다 팔려나갔을 정도였다. 사람들은 이미 다윈이 뭔가 센 것을 가지고 나올 것이라 기대하고 있던 차였다. 말하자면, 이 책은 당대의 베스트셀러 중 하나였다. 하지만 막상 지금 우리가 책장을 몇 장 넘겨보면 고개가 점점 갸우뚱해진다. 아마도 『종의 기원』을 실제로 읽어본 독자들은 거의 없을 것이다. 사실 지루하고 재미없다. 세상을 바꾼 책들이 대개 재미가 없긴 마찬가지긴 하지만 그래도 수식 하나 없이 소위 말발로만 승부했다고 알려진 책인데 조금 실망스럽기까지 하다. 예컨대 1~3장은 주로 개와 비둘기의 육종 이야기다. "개나 비둘기를 이렇게 저렇게 잡종을 만들어서 키웠더니 이런 이상한 놈들이 나오더라"라는 식의 내용으로 도배가 되었다. 요즘은 육종사들이나 관심을 가질 만한 내용인 것이다. 이렇게 보면 다윈은 매우 지루했던 사람임이 틀림없다.

그런데 놀랍게도 그 당시 영국 사회로 되돌아가보면 이야기는 완전히 달라진다. 빅토리아 시대에 관한 문헌들을 보면, 당시 사회에서 매우 인기 있었던 대중문화 중 하나가 동물 품평회였다. 엘리트 계층이든 아니든 자신들이 육종하고 사육한 개나 비둘기들을 공개하고 점수를 매기고 서로 비교해보는 행동이 대중문화로 자리를 잡고 있었다. 다윈은 대중의 눈높이에 맞추기 위해 이 대중문화를 적극적으로 이용했을 뿐만 아니라, 그 속에서 자신이 하고 싶은 주장을 이끌어내기까지 했다. 이런 맥락에서 『종의 기원』 초판을 담당했던 편집장이 다윈에게 했던 조언이 흥미롭다. 그는 "여기에서 개와 비둘기 이야기만 남기고 뒤의 어려운 부분들을 싹 없애면 완전 대박일 것"이라고 조언했다.

다윈에게 노벨상을 준다면

다윈이 우리에게 준 새로운 아이디어가 무엇이었느냐고 물으면 많은 사람들이 "종이 변하지 않는다는 예전의 생각을 바꾼 것"이라고 대답한다. 하지만 사실은 그렇지 않다. 『종의 기원』에서 다윈은 이미 "종이 변한다는 생각을 가진 사람은 내 할아버지를 포함해서 32명이나 된다"고 고백했을 정도다. 종이 변한다는 생각은 그 당시 지식인 사회에서 공공연한 비밀이었다. 그렇다면 다윈의 독창적인 아이디어는 무엇이란 말인가? 두 가지다. 하나는 '생명의 나무(tree of life)'이고, 다른 하나는 '자연선택'이라는 아이디어였다.

다윈의 진화의 나무를 보면 인간도 있고, 오랑우탄도 있고, 침팬지도 있다. 현재 시점에서 보면 침팬지나 오랑우탄이나 각자 자신의 환경에서 나름대로 잘 적응하고 있는 것들이다. 많은 사람들이 "진화론에 따르면 원숭이나 침팬지가 우리의 조상"이라고 이야기한다. 그러나 사실은 그렇지 않다. 학생들에게 "동물원의 원숭이나 침팬지가 얼마만큼 지나야 인간으로 진화할 수 있을까?"라고 질문을 던져보면 그 '얼마'에 낚여서, "십만 년이요" "백만 년이요" "일 억 년이요"라고 대답들을 한다.

그러나 사실 다윈의 진화론을 제대로 이해한다면 "지금의 원숭이나 침팬지는 결코 인간으로 진화할 수 없다"고 답해야 한다. 침팬지와 인간은 한 600만 년 전에 공통 조상에서 갈라져 나온 사촌 종이기 때문이다. 침팬지는 저 밑에 있는 우리의 조상이 아니라 동일한 시간 축상에 존재하는 우리의 사촌이다. 즉, 현존하는 인간과 다른 동물들은 사촌 관계라는 것이다. 쭉 내려가면 어딘가에 공통 조상이 있다. 그러니까 우리는 큰 진화의 나무에서 갈라져 나온 하나의 잔가지에 불과하다. 이것이 바로 다윈이 우리를 불편하게 만드는 한 가지 이유다. 코페르니쿠스는 우주의 중심이 지구가 아니라는 생각을 했던 사람인데, 다윈은 지구의 중심이 인간이 아니며 인간과 다른 동물이 존재론적으로 동등하다고 생각한 첫 번째 사람이다. 다윈의 생명의 나무는 인간 중심주의를 혁파한다.

두 번째로, 시계를 보면 우리는 시계를 만든 사람이 있다는 것을 알게 된다. 시계는 저절로 만들어지지 않는다. 마찬가지로 다윈 이전에는 사람들이 시계보다 복잡한 인간의 눈 같은 것이 그냥 만들어진 것이라고 생각하지 않았다. 옛날 사람들은 "이것을 만든 존재가 있을 것이고, 그것은 바로 신일 것이다. 왜냐하면 시계공보다 더 뛰어나야 할 테니까"라고 생각했다. 내가 만약 다윈 이전의 사람이었다면 그 생각에 동의했을 것이다. 그것보다 더 멋진 설명은 없기 때문이다. 그런데 다윈은 완전히 다른 대답을 했다. 다윈은 자연적인 원인을 통해서 그렇게 복잡한 것이 나올 수 있다고 생각했다. 그래서 리처드 도킨스는 『눈먼 시계공』이라는 책을 썼다. 시계공이긴 한데 눈이 멀었다는 것은 무슨 말일까? 그것은 방향이 없다는 말이다. 목적 없이 그냥 이렇게 저렇게 맞추다 보니까 시계가 만들어졌고 그것이 바로 자연이 선택하는 방식이라는 것이다.

자연선택이 작동하려면

자연선택이 작동하는 방식은 크게 세 가지다. 첫째는 '변이'이다. 한 가지 확실하게 알 수 있는 것은 우리 모두 다 다르다는 것이다. 일란성 쌍둥이도 똑같지 않다. 자연계에 존재하는 정말 명확한 사실 한 가지는 모든 생물이 서로 다르다는 것이다.

둘째는 경쟁에 관한 것이다. 여기 개구리 그림을 보자. 엄마

● 그림 1 차별적 적응도
이 변이들 중에 일부만 살아남는다.

● 그림 2 자연선택
호랑이가 출몰하는 환경에서 토끼에게 가장 중요한 것은 튼튼한 다리다.

개구리가 자기 자식들을 앉혀놓고 훈계를 하고 있다. "야 너희 중에 대부분은 잡혀 먹힐 테니까, 정신 똑바로 차려라." 그 말은 변이들 중에 어떤 놈은 살아남고 어떤 놈은 그렇지 못한다는 뜻이다. 그 옆의 그림은 어떤가? 호랑이가 토끼들을 사냥하려고 모의 중이다. 어떤 토끼들은 다리가 너무 튼튼해서 빨리 달리기 때문에 그런 애를 쫓아다니는 것은 바보짓이다. 그러니까 "다른 놈을 잘 몰아서 쟤를 잡아먹자"라고 회의를 하고 있다. 역시 마찬가지로 이 그림은 어떤 변이 중에는 생존과 번식에 상당히 유리한 변이를 갖고 있는 개체가 있고, 어떤 변이는 그렇지 않다는 것을 말해준다. 만약에 귓불이 생존과 번식에 차이를 불러일으킨다고 생각해보자. 예컨대 여성들이 귓불이 부처님 귀같이 생긴 남성들만 좋아한다고 생각해보자. 그렇다면 생존과 번식에 분명히 차이를 불러일으키는 변이가 된다. 그럼 어떻게 되겠는가? 다음 세대에는 부처님 귀를 가진 남성만 살아남을 것이다. 이것이 자연선택이 작동하는 방식의 둘째 조건이다.

마지막 조건은 한 세대로 끝나면 안 된다는 것이다. 진화는 세대와 세대를 거쳐 상당히 오랜 시간에 걸쳐 일어나는 변화이기 때문이다. 따라서 마지막 변화는 '유전성'이다. 차범근 씨와 차두리 씨를 보면 딱 봐도 닮았다는 것을 알 수 있다. 예컨대 귓불이라는 것이 닮게 되면 그것이 전달되고 전달되면서 맨 마지막 세대에는 귓불이 부처님 귀같이 생긴 사람들만 살아남을 수 있다. 이게 바로 자연선택이 작동하는 방식이다.

요약을 해보면 이렇다. 색깔이 있는 놈 없는 놈, 큰 놈 작은 놈이 있다고 해보자. 그런데 새들은 색깔이 있는 놈만 잡아 먹는다. 그러면 크기와 상관없이 색깔이 없는 놈만 살아남지 않겠는가? 그리고 색깔의 유무가 유전 가능하다면 맨 마지막 세대에는 색깔이 없는 놈만 살아남을 것이다. 이것이 오랫동안 지속된다면 그것이 바로 자연선택에 의해서 종이 분화하는 것이다. 그것이 다윈의 생각이다.

자연선택에 관한 오해들

이런 생각에 사람들은 의아해 했다. "아 뭐 그렇게 간단하냐?"고 생각했다. 프레드 호일이라는 천문학자는 "자연선택이 작동하는 것은 알겠지만, 그 작동을 통해서 그렇게 복잡한 것이 나올 수 없다"고 반론을 제기했다. 그는 자연선택은 고물상에 허리케인이 불어가지고 보잉 747기와 같은 복잡한 것이 만들어진다는 것인데 그런 일이 어떻게 가능하냐고 반론을 폈다. 이 주장의 현대 버전이라고 할 수 있는 '지적 설계론자(intelligent design theorist)'들은 박테리아 하나만 보더라도 너무나 복잡해서 그것이 자연선택을 통해서 만들어질 수 없다고 이야기한다.

하지만 이들은 사실 자연선택이 작동하는 방식을 오해한 것이다. 여러분이 은행털이범이라고 생각해보자. 금고를 열려면 금고 비밀번호 10자리를 맞춰야 된다. 누구도 처음에 10자리를 한 번에 딱 맞추는 사람은 없을 것이다. 은행털이범은 청진기를 대고서 맞춰지면 나는 딸각 소리를 듣고서 첫 번째 자리를 맞춘 다음에 그대로 놔둔다. 그것을 흩뜨리지 않는다. 그리고 다음 자리로 넘어간다. 자연선택이란 그런 식으로 한 번에 일어나는 것이 아니라 누적적으로 일어난다. 0.01퍼센트 뛰어난 시각 장치가 진화할 수 있는 이유는 0.0099퍼센트의 눈보다 뛰어나기 때문이다. 그래서 자연선택이 작동해서 그렇게 정교한 것들을 만들어낼 수 있는 것이다. 저명한 진화철학자인 데닛(D. Dennett)은 『다윈의 위험한 생각』이라는 책에서 이렇게 이야기한다.

> 나는 세상의 많은 사상가 중에서 다윈이 가장 위대하다고 생각한다. 왜냐하면 예컨대 '뉴튼이라고 하는 사람은 물리세계에서 물질들이 어떻게 움직이는가에 대한 법칙에 대해서만 이야기했다면, 다윈은 어떻게 목적이 없는 세계에서 결국 우

리와 같이 가치를 갖고, 의미를 갖고 있고, 그런 것들을 공유 하고 있는 그런 존재들을 만들어내는가에 대한 통합적인 설명을 해냈다. 그는 물리적인 세계와 정신적인 세계, 그 두 세계를 묶어주는 사람이다. 이것은 그 누구도 하지 못했다.[1]

이것이 바로 다윈의 위험한 생각이다. '인간이 지구의 중심이 아니다. 그리고 놀라운 자연계의 생물은 자연적인 원인에 의해서 만들어졌다. 그리고 변이들도 중요하다'는 것. 다윈은 이런 생각을 처음으로 한 사람이기 때문에 중요하다고 할 수 있다. 결국 인간도 동물이라는 것이다. 이것은 매우 불편한 생각이기도 하다. 하지만 우리는 매우 특별한 동물이다.

그림 3을 보면 침팬지가 왼쪽에 있는 점의 개수를 세고 있다. 내가 똑같은 부스에 들어가서 침팬지가 하는 것과 똑같은 일을 해봤는데 결과는 참담했다. 침팬지가 인간보다 훨씬 잘한다. 일단 속도도 빠르고 정확하다. 저 친구의 솜씨는 굉장하다. 세계에서 가장 똑똑한 침팬지다. 그럼에도 저 침팬지가 몇까지 셀 수가 있냐 하면 14까지밖에 못 센다. 침팬지는 거기까지밖에 할 수가 없다. 그런데 인간은 두세 살 된 아이들도 그 이상을 할 수 있다. 어떤 의미에서 침팬지가 상당히 잘하기는 하지만 한편으로는 한계가 분명히 있다. 우리가 동물이기는 하지만 매우 특별한 동물이라는 생각을 갖게 하는 자료이다.

그림 4를 보면 침팬지는 분명히 거울에 비친 상이 자기라는 것을 알고 있는 것처럼 보인다. 이런 동물들은 흔치 않다. 보노

● 그림 3 침팬지의 수리능력
교토대학 영장류연구소의 침팬지 아이(Ai)는 숫자를 세긴 하지만 14까지밖에 못 센다.

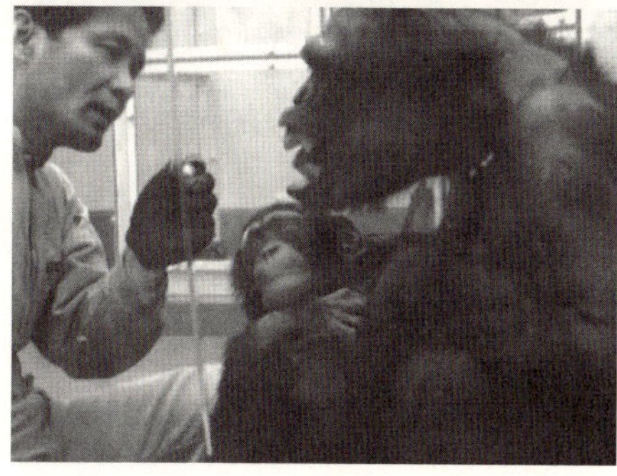

● 그림 4 침팬지의 자기인식 능력
데카르트는 "거울에 비친 모습을 자기자신"이라고 인식하는 것은 오직 인간뿐이라고 했다. 그러나 침팬지를 비롯한 몇몇 동물도 자기인식 능력이 있다.

보, 오랑우탄, 고릴라 등이 그럴 수 있고, 원숭이 중 일부와 돌고래가 가능하다. 애완견 기르시는 독자는 실험을 해보길 바란다. 거울을 놓고 애완견이 그걸 보고 뭔가 골똘히 생각을 하고 행동을 묘하게 취하는지 보길 바란다. 개들은 대부분 거울을 보고 도망을 가거나 짖는다. 거울에 비친 상이 자기인지 모르고 다른 개인 줄 알기 때문이다. 이런 것을 자기인식이라고 하는데 옛날 사람들은 자기인식은 인간만이 할 수 있다고 생각했다. 하지만 동물에 관한 연구가 진행되면서 동물 중 똑똑한 일부 종들이 자기인식을 갖고 있다고 생각하게 되었다. 우리가 동물을 연구하면 할수록 인간도 결국 동물이라는 생각도 하게 되지만 그럼에도 인간이 어떤 면에서 특이한 종인가를 알 수 있으려면 결국에는 진화론이 필요하다. 진화적인 시각을 갖지 않으면 이것을 이해할 수 없다. 그것이 중요하다.

우리가 진화론을 안다는 것은 우리도 결국 동물이라는 것을 아는 것이다. 동물이 어떻게 해서 이렇게 진화하게 되었는지를 아는 것이다. 그럼에도 진화한 동물로서의 인간이 어떤 면에서 다른 동물들과 다른지를 설명할 수 있는 가장 유력한 이론도 진화론이다. 그런 관점에서 여러분도 한번 생각해보길 바란다. 여러분도 자연계의 일부로서 자신을 생각하고 있는지 질문을 던져보길 바란다.

이기적 유전자와 밈

'경쟁'이라는 말이 들어간 책을 인터넷에서 검색해보면 600권 정도가 된다. 그런데 '협력'이라는 말이 제목에 들어간 책은 그 절반인 300권 정도밖에 없다. 이런 것을 봐도 '우리 시대가 경쟁시대구나'라는 것을 느낄 수 있다. 우리는 정말 살아남기 위해서 다른 사람들과 경쟁하면서 피곤하게 살 수밖에 없는 존재일까? 이 장의 주제는 '이기적 유전자와 밈(meme)'이다. 우리 인간은 이기적이어서 경쟁을 하면서 살 수밖에 없는 걸까?

'이기적 유전자'라고는 부르지만 유전자가 정신을 갖고 있는 것은 아니기 때문에 '이기적'이란 말을 사실 유전자에게 붙이기는 어렵다. 그럼에도 유전자가 '이기적'이라는 말을 쓰는 이유는 마치 유전자가 자기의 복사본을 최대로 남기는 것이 자신의 목표인 양 행동한다는 것을 나타내기 위해서다. 그 행동을 이해하는 것이 인간의 수많은 행동을 이해하는 데 중요한 실마리가 되기 때문에 그런 말을 사용하는 것이다.

내가 꾸는 악몽에는 가끔 이런 장면이 등장한다. 나는 기돈 크레머라는 바이올리니스트가 협주를 하고 있는 청중석에 앉아 있다. 그런데 갑자기 기침이 나오기 시작한다. 그런데 멈추지 않는다. 그래서 결국에는 연주회가 중단이 되고 나는 꿈에서 깬다. 여러분도 그런 난감한 상황에 처한 적이 있을지 모르겠다. 정말 끔찍하다.

그런 꿈을 꾸면서 나는 이런 생각을 했다. 도대체 우리는 왜 기침을 하는 것일까? 기침을 하게 되면 기침을 하는 사람에게 유리하다고 생각할 수도 있을 것이다. 예컨대 기침은 노폐물을 제거하는 역할을 한다. 하지만 거꾸로 뒤집어서 감기 바이러스의 처지에서 한번 생각해보자. 감기 바이러스의 관점에서는 한 사람을 감염시켰는데, 그 숙주를 갈취하다 보면 더 이상 남아 있을 필요가 없어진다. 그러니까 한 명의 몸을 다 갈취하기 전에 다른 데로 가야 하는데 어떻게 하면 다른 사람에게 갈 수 있을까? 그 방법은 바로 사람의 목을 간지럽혀서 기침을 하게 만드는 것이다. 실제로 감기는 기침을 통해 다른 사람에게 전염되지 않는가? 그런 행동은 누구의 관점에서 보느냐에 따라 이득이 되는지 손해가 되는지가 달라진다.

경쟁의 주체는 개체가 아닌 유전자?

그림 5의 개미를 보자. 열심히 풀잎 위로 올라가고 있다. 이런 개미를 본 적이 있을지 모르겠다. 저렇게 힘든 일을 개미가 왜 하는 것 같다고 생각하는가? 상상의 나래를 펴서 대답을 한번 해보자. 혹시 비가 많이 왔다거나 해서 밑에 물이 많아서 생명의 위협을 느껴서 살려고 열심히 올라가는 것일까? 혹은 여왕개미를 좀 더 높은 곳에서 보려고 올라가지 않았을까?

그러나 그것은 정답이 아니다. 이 개미는 일명 '좀비개미'라고 불리는 개미다. 개미의 뇌가 '창형흡충'이라고 하는 일종의 기생충에 감염이 되면 저런 행동을 하게 된다. 이 창형흡충은 양이나 소의 위장에 있을 때 번식력이 가장 뛰어나다. 그러나 발이 없으니 혼자서 소의 위장으로 바로 가기는 어렵다. 그러니까 뭔가를 타고 가야 하는 것이다. 그래서 이 기생충은 개미의 뇌를 감염시켜서 개미가 풀잎을 힘겹게 올라가도록 한다. 풀잎 위에 올라와 있는 개미들은 소나 양이 풀을 뜯을 때 잡아 먹히기가 쉽다. 위장 속으로 들어간 개미는 죽고 그 개미의 뇌 속에 있던 창협흡충이 소나 양의 위장에서 번식하게 되는 것이다. 아주 무서운 이야기다. 이런 일이 실제로 자연계에서 일어난다.

또다른 좀비개미로, '목수개미'라고 하는 것이 있다. 타이의 열대 우림에 살고 있는데, 보통은 높은 곳에 산다. 그런데 어느 시점이 되면 아래로 내려와서 어린 풀잎 뒷면에 턱을 대고 한 여덟 시간을 있는다. 그러다 그냥 죽는다. 도대체 왜 이 개미

● 그림 5 좀비개미
풀잎 위로 힘겹게 올라가는 '좀비개미'는 창형흡충에 뇌가 감염되었기 때문이다.

● 그림 6 용감한 생쥐
톡소포자충에 감염된 쥐는 고양이를 무서워하지 않다가 결국 잡아먹힌다.

들은 이런 이상한 행동을 하는 걸까? 또한 그런 개미 중 일부는 나무를 오르다가 비틀비틀거리며 쓰러져 죽는다. 상당히 재미있는 광경이라서 과학자들이 연구를 해봤더니 나뭇잎을 꽉 물고 있는 개미 뒤에서 곰팡이 포자의 줄기가 나왔다. 그 개미는 죽은 상태였다. 개미의 뇌를 살펴보았더니 회색점이 나온 부분에 곰팡이 포자가 있었다. 그 곰팡이는 사실 나무 위보다는 나무 밑에, 숲의 바닥에서 훨씬 더 많이 퍼진다. 이 곰팡이 포자도 또한 개미를 타고 간다. 포자 혼자서는 멀리 가기 힘드니까 개미를 조정해서 나뭇잎에 턱을 대고 여덟 시간을 있게 만든다. 자신들이 더 많이 퍼지기 위해 개미들을 밑으로 내려오게 해서 죽게 만드는 것이다. 아주 무시무시한 광경이다.

또 이런 일도 있다. 그림 6의 생쥐는 겁을 상실한 것 같아 보인다. 겁 없이 고양이 위에 올라가 있지 않은가? 분명히 잡혀 먹힐 것이다. 그런데 실제로 저런 생쥐가 있다. '톡소포자충

(*Toxoplasma gondii*)'이라고 하는 기생충에 감염된 쥐다. 그 기생충 역시 고양이의 위장 속에 있을 때 가장 번식을 많이 한다. 생쥐가 정말 용감하다고 생각할 수 있지만 그 생쥐가 용감한 게 아니라 사실은 그 생쥐를 감염시킨 기생충이 더 많은 자손을 퍼뜨리기 위해서 생쥐가 저런 짓을 하게 만드는 것이다.

이런 사례들을 보면 우리가 하는 행동도 그것이 과연 우리 자신을 위해서 하는 행동인지, 누가 이득을 보는지 하는 의문을 갖게 된다. 우리는 흔히 태아와 산모의 관계를 가장 조화롭고 아름다운 관계라고 이야기한다. 그런데 실제로는 그렇지 않다는 사실이 많이 밝혀져 있다. 태아는 성장하기 위해서 태반에 안착을 해야 하는데, 안착을 하기 위해서는 말 그대로 태반을 뚫어야 한다. 매우 치열한 싸움이다. 그런데 엄마 입장에서는 이 태아를 원치 않을 수 있다. 그렇기 때문에 엄마와 태아, 그 둘 간에 다툼이 발생한다. 자연유산이 많은 이유가 엄마가 바로 태아를 내치기 때문이다. 태아와 산모의 관계는 우리가 생각하는 것만큼 그렇게 조화로운 관계가 아닌 것이다. 이런 일이 벌어지는 이유는 태아와 엄마가 유전적으로 동일하지 않기 때문이다. 태아와 엄마는 유전자를 절반만 공유한다. 그렇기 때문에 일종의 이해관계의 충돌이 일어나는 것이다.

자연계에는 상당히 많은 협동이 일어나고, 조화로운 관계들이 많은 것처럼 보이지만, 이런 사례들을 통해 우리는 자연이 예상을 뛰어넘을 정도로 상당히 많은 경쟁들로 가득 차 있다는 것을 알 수 있다. 그리고 그 경쟁의 주체는 개체들이 아니라 유전자라고 생각할 수 있다. 기생충이 개미들을 조정하듯이 말이다. 이것이 바로 '이기적 유전자' 이론이다. 사실 이 이론이 나오기까지는 꽤 긴 역사가 있었다. 찰스 다윈도 왜 자연계에는 경쟁만 있는 것이 아니라 한편으로는 협동이라고 하는 행동들이 존재하는지를 많이 고민했다.

유전자의 생존기계라니!

자연계를 보자. 자연계에는 앞에서 살펴보았던 매우 놀라운 경쟁들이 있지만, 또 한편으로는 협동이 있다. 땅다람쥐라고 하는 동물이 있다. 땅다람쥐는 매나 독수리와 같은 포식자들이 나타나면 주변에 일종의 경고음을 낸다. 찍찍거리는 소리를 내는데, 그러면 그 소리를 들은 동료들이 굴속으로 숨는다. 그런데 자기는 경고음을 냈기 때문에 포식자에게 먹힐 확률이 더 높아지게 된다. 그럼에도 땅다람쥐는 그런 행동을 한다. 상당히 이타적인 행동인 것이다.

또 암사자들은 사실 혼자 사냥을 할 수 있지만 그러지 않고 다른 암사자들과 같이 사냥을 해서 먹이를 서로 공유한다. 자연계에는 이런 이타적 행동들이 있다. 그러니까 자연계에는 경쟁만큼이나 한편으로는 협동이라는 것도 많이 있다는 것이다. 대체 왜 그럴까? 여기에 지난 50년 동안 최고의 진화생물학자라고 불린 윌리엄 해밀턴(William Hamilton)이라는 사람이 등장하게 된다.

그 사람이 낸 이론이 바로 '혈연선택이론'이다. 그 이론을 잠깐 설명하면 이렇다. 일개미나 일벌은 자기 자식을 낳지 않는다. 평생 여왕개미나 여왕벌이 낳은 자식을 돌본다. 진화적인 관점에서 보면 이보다 더 이타적인 행동은 없다. 자기가 자식을 낳지 않고, 평생 남이 낳은 자식을 돌보는 행위이기 때문이다. 이것은 진화의 관점에서 이타성의 극단적인 예라 할 수 있다. 도대체 이 현상이 왜 존재하는 걸까? 이 문제는 다윈이 상당히 고민했던 것 중 하나였다. 오랫동안 이 문제는 풀리지 않고 있었는데 윌리엄 해밀턴이라는 사람이 1964년에 아주 어려운 논문을 하나 쓰면서 해답을 찾아냈다. 그가 말한 답은 개미 사회는 유전적으로 우리와 같지 않기 때문이라는 것이다. 우리는 자신과 자신의 형제와 유전자의 반을 공유하고 있다. 자신이 A라는 유전자를 갖고 있으면, 자신의 형제가 A라는 유전자를 갖고 있을 확률이 1/2이다. 어떤 사람의 어머니가 A라는 유전자를 갖고 있으면, 그 사람이 A라는 유전자를 갖고 있을 확률이 1/2이다.

그런데 개미 사회는 시스템이 다르다. 수컷개미와 여왕개미가 짝짓기를 해서 자식을 낳으면 암컷개미들만 나오는데, 그 암컷들은 유전자를 수컷개미과 여왕개미에게서 반반씩 물려받는다. 이 암컷개미들은 모두 일개미가 된다. 그런데 수컷개미들은 그런 방식으로 나오는 것이 아니라 여왕개미의 미수정란이 깨어나서 나온다. 우리와는 시스템이 다른 것이다. 똑같이 반반씩 물려받는 것이 아니라 수컷은 엄마에게서만 물려받는다. 계산을 해보면 개미의 형제자매들은 유전적으로 반이 아니라 3/4을 공유하게 된다. 만약에 암컷 입장에서 짝짓기를 해서 새끼를 낳으면 자기 아이에게는 유전자의 반(1/2)을 나누어줄 것이다. 그러나 자기가 짝짓기를 하지 않고 자기 자매들을 많이 낳도록 도와주면 3/4을 나누어주는 셈이 된다. 간단한 산수를 해보면 3/4은 2/4(1/2)보다 1/4이 크다. 개체 입장에서는 말도 안 되는 행동이지만 유전자 관점에서는 자기 유전자의 3/4을 남기는 쪽이 더 유리한 것이다. 그렇기 때문에 유전자는 일개미가 자기 자매들, 즉 일개미 자매들이 늘어나게 행동하는 것을 원하는 것이다. 개체 수준에서는 이타적인 것처럼 보이는 행동이라도 유전자의 관점에서 볼 때는 결국 자신에게 이익이 되는 행동이 되는 셈이다. 이것이 바로 리처드 도킨스의 『이기적 유전자』의 근간이 되는 이론이다. 이것은 윌리엄 해밀턴이 우리에게 준 아주 큰 선물이다.

과학자들이 그 이후로 많은 연구를 해보니, 이러한 현상이 곤충 세계에만 있는 것은 아니었다. 땅다람쥐는 포식자가 나타나면 경고음을 내서 자기 동료들을 돕는다. 과학자들은 혈연선택이론을 가지고 이 땅다람쥐의 행동을 어떻게 설명할 수 있을지를 고민했다. 땅다람쥐 무리에서 암컷은 성적으로 성숙해도 자신의 동네를 떠나지 않는다. 그런데 수컷은 성적으로 성숙하면 다른 동네에 가서 짝짓기를 하고 집단을 이룬다. 이기적 유전자 이론, 혈연선택이론이 맞다면 경고음을 내는 개체는 암컷이 많을까? 수컷이 많을까? 암컷이 많다는 것이 답이다. 그 이유는 이렇다. 수컷은 자기 동네에 자기 혈연들이 없다. 암컷은 성적으로 성숙해도 자기 동네를 떠나지 않으니까 자기 주변에 있는 개체들은 다 친척들인 것이다. 이타적인 행동을 함으로써 자신은 죽을지도 모르지만 자신과 유전자를 공유하고 있는 다른 개체들, 즉 친척들은 더 잘 살아남을 수 있다. 다 합쳐서 따져보면 결국 나 하나 죽는 것이 내 친척 여럿이 죽는 것보다 유전자의 관점에서는 덜 손해일 수 있다.

이런 연구들을 통해서 과학자들은 협동과 이타적인 행위들이 어떻게 진화할 수 있었는지에 대한 이론들을 내놓기 시작했다. 그로부터 10년 후에 리처드 도킨스는 『이기적 유전자』라는 책을 쓴다. 이제는 고전이 된 이 책에서 도킨스는 우리 인간은 유전자의 생존기계이고 유전자의 운반자에 불과하다는 이야기를 한다. 이 말에 사람들은 매우 불편해 했다. 생존기계인 것도 모자라 유전자의 생존기계라니! 유전자가 나를 조종한단 말인가? 우리가 유전자를 운반하는 운반자에 불과하다면 우리는 자유의지가 없다는 말인가? 우리는 도대체 어떤 존재인가? 사람들은 이런 인문학적인 질문들을 던지게 되었다. 리처드 도킨스가 우리에게 준 도전은 무엇일까?

여러분도 잘 아는 흡혈박쥐라는 동물이 있다. 흡혈박쥐는 피를 공급받지 못하면 2~3일 내에 죽게 된다. 그래서 박쥐들은 피를 굶주린 동료들한테 자신이 획득한 피를 나누어주기도 한다. 그런데 이전에 자신에게 피를 나누어주었던 동료들에게만 준다. 정확하게 1 : 1은 아닐지라도 자기가 얻어먹은 만큼 다른 흡혈박쥐에게 나누어준다. 이 주고 받는 관계가 얼마나 잘 지켜지는가에 대한 연구가 진행되었다. 침팬지도 마찬가지인데 동물원에 가보면 침팬지들이 서로 털고르기를 해주는 모습을 볼 수가 있다. 보통 이를 잡는 것으로 알고 있지만 꼭 그런 것은 아니라 그냥 털을 골라주는 것이다. 일종의 스킨십 같은 것으로 이를 통해서 침팬지들은 사회적 관계를 유지한다. 같은 사회에 있는 침팬지의 경우에는 서로 거의 같은 시간만큼 털고르기를 해준다. 털고르기를 해주지 않으면 그 침팬지는 나중에 따돌림을 당하게 된다. 이런 일은 혈연이 아닌 경우에도 벌어진다.

여기서 우리는 의문을 갖게 된다. 우리는 협동을 하고 남을 돕긴 하지만 사실은 기브 앤드 테이크(give and take)를 하는 것 아닐까? 아니면 혈연이기 때문에 돕는 것일까? 이런 의문들을 갖게 된다. 사람들은 혈연관계도 아닌 생전 처음 본 사람이 물에 빠졌을 때, 특히 아이들이 물에 빠지면 많은 사람들이 뛰어들어서 아이를 구하려고 한다. 그 결과 자신의 목숨을 잃기도 한다. 이기적 유전자 관점에서, 즉 결국 그런 이타적인 행동의 뒤에는 유전자의 자기 복제 본능이 있다라고 하는 관점에서 이러한 강한 이타성도 설명할 수 있을까? 진화학자들 사이에서 이타성의 진화에 대한 논쟁은 아직 끝나지 않았다.

양복 입은 원시인

사람들은 인간의 두뇌를 일종의 슈퍼컴퓨터라고 생각한다. 어떤 문제에 부딪치면 계산을 쭉 해서 최적의 해답을 찾아내고 그에 따라서 행동을 한다고 생각하는 것이다. 하지만 실제로 심리학의 연구들을 보면 그렇지 않다. 사람들은 모든 문제를 잘 푸는 것이 아니라 어떤 문제는 아주 잘 풀고 어떤 문제는 계속 틀린다. 그런데 잘하는 문제를 가만히 보니까 그것은 수많은 세월 동안 우리를 옥죄었던 문제들, 예컨대 포식자를 피하는 문제, 짝을 잘 고르는 문제, 짝에게 매력적으로 보이는 문제라든가 하는 것들이다. 그래서 학자들은 이러한 문제들을 해결하기 위해서 우리의 마음이 적응되었다라고 이야기한다. 다 잘하는 것이 아니라 그런 문제만을 특히 잘 푼다는 것이다. 달리 말하면 그런 문제가 아닌 경우에는 잘 못 푼다는 것이다. 그래서 처음에 인간의 마음을 슈퍼컴퓨터로 생각했다가 나중에는 그것이 아니고 스위스 군용 칼 같은 것이라고 생각하게 되었다. 거기서 톱은 무엇을 썰기 위한 장치이고, 코르크 뚜껑을 따는 장치는 와인을 잘 따기 위한 장치다. 코르크 뚜껑을 따는 장치로 무엇을 썰기는 어렵다. 진화심리학자들에 따르면, 그 특별한 장치들은 다른 문제가 아니라 우리가 수렵 채집을 하면서 살았던 시대에 우리를 계속해서 괴롭혔던 문제들을 해결하기 위한 심리 장치다. 그러면 수렵 채집을 하는 사회가 왜 그렇게 중요한 것일까?

이 달력을 한 번 보자. 인간이 진화한 시점을 1월 1일 0시라고 하고 여기서부터 시작해서 현재 시점을 12월 31일 24시라고 생각해보자. 처음에 가축을 기르기 시작한 것이 12월 31일 새벽 6시이다. 그 다음에 도시가 형성된 것은 오후 3시이다. 산업화가 된 것은 밤 11시 40분이다. 인류의 역사를 가만히 놓고 보면 절대적으로 긴 세월 동안 우리는 수렵 채집을 하며 살았다는 것을

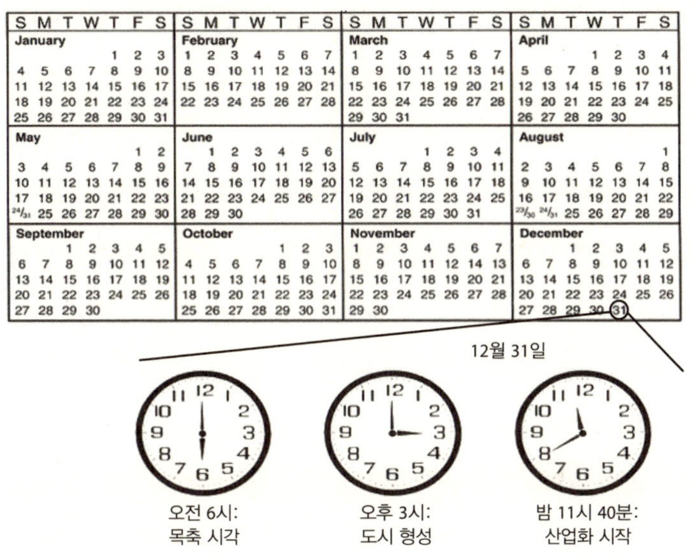

● 그림 7 인류 진화 달력

말해준다. 현재 인류가 상당히 많이 발전되어 있지만 그 변화는 아주 눈 깜짝할 사이에 벌어진 일이다. 그 전에는 모두 수렵과 채집을 하면서 살았다. 진화심리학자들은 마음의 장치들이 그 당시에 적응되었던 것들이라고 주장한다. 뱀을 보면 놀라는 것도 적응이다. 물론 뱀을 애완동물로 기르는 사람도 있지만, 뱀을 애완동물로 기르기 위해서 훈련 받는 것은 매우 어렵다. 반면에 뱀에게 공포감을 느끼는 것은 상당히 쉽다. 인간은 태어나면서부터 뱀에게 공포를 느끼는데 그것이 바로 우리가 수렵 채집을 하면서 우리를 계속해서 괴롭혔던 뱀이나 독거미에 대한 우리의 공포반응인 것이다. 이러한 장치들이 우리 마음에 장착되어 있는데, 짝짓기 행동도 이런 장치들의 작동 결과라 할 수 있다.

짝짓기하는 마음

짝짓기와 관련된 문제를 풀지 않으면 우리는 후세에 자기 유전자를 남길 수가 없다. 그림 8을 보면 난자가 있다. 지금 정자가 난자 안으로 들어가려고 애쓰고 있다. 난자는 정자에 비해 상당히 거대한 반면에 정자는 상당히 작다. 경제적인 관점에서 보면 정자는 난자에 비해 저렴하다. 즉 여성은 번식과 관련하여 설비투자, 즉 초기 투자를 많이 한 쪽이다. 반면 남자는 매우 적다. 짝짓기를 할 때 투자를 많이 한 쪽은 파트너를 고를 때 더 까다로울 수밖에 없다. 왜냐하면 잘못되면 투자한 양이 많은 만큼 손해도 크기 때문이다. 여성은 폐경기까지 난자의 수가 대체로 정해져 있다. 남성은 정자의 수는 말 그대로 무한이라고 할 수 있다. 처음에 서로 투자한 정도가 전혀 다르기 때문에 짝짓기를 똑같은 방식으로 하면 여성들만 손해인 셈이다. 특히 포유류 여성의 경우에는 태아를 몇 개월 간 품고 있어야 하는데 그것은 더 큰 장애물이 된다. 그 장애물을 극복하기 위해서는 더 까다롭게 짝을 골라야 한다. 즉 좋은 짝을 골라야 한다는 말이다. 남성의 경우에는 어떻게 하든지 더 많은 기회를 찾아서 더 많은 짝을 고르는 것이 더 유리하다. 하지만 그렇다고 남성들이 바람을 펴도 좋다는 말은 아니다. 짝짓기 전략 면에서 남성과 여성의 경우에 차이가 있다는 뜻이다.

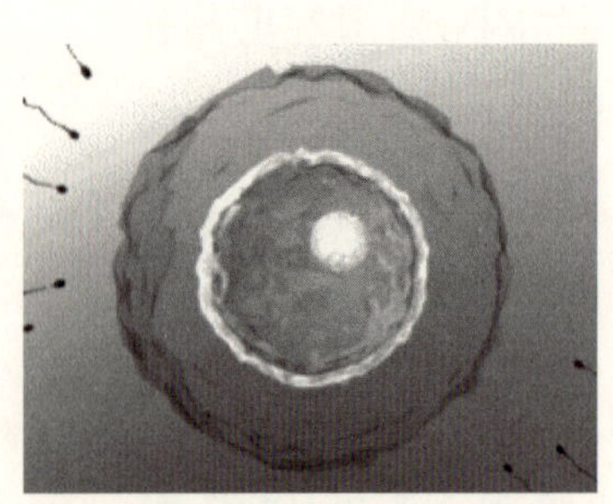

● 그림 8 인간 성세포의 차이
번식을 위한 설비투자 측면에서 난자는 정자보다 훨씬 많은 비용을 지불했다.

그림 9를 보면 남성들은 씁쓸함

● 그림 9 성선택과 수컷 공작의 꼬리
수컷 공작의 꼬리가 길고 화려한 이유는 생존이 아닌 짝짓기를 위한 것이다.

을 느낄지도 모른다. 날개를 쫙 펴고 있는 것이 수컷인데 암컷이 도도하게 그 앞을 지나가는 모습이다. 동물계에서는 대개 화려한 놈들이 수컷이다. 암컷들은 초기 투자를 많이 했기 때문에 짝을 고를 수 있다. 수컷들은 경쟁을 통해서 선택을 받아야 하는 처지다. 수컷 공작이 나는 모습을 보면 정말 처절하다. 떨어지지 못해 난다. 생존의 관점에서 근처에 포식자가 있으면 금방 잡아 먹힐 것이다. 생존에 불리함에도 불구하고 저런 형질을 공작새가 가지고 있다는 것은 수수께끼처럼 보인다. 다윈도 도대체 왜 저렇게 비효율적이고, 생존과 상관없는, 정확히 말해 생존에 방해가 되는 그러한 형질들이 존재하는지 몹시 궁금해 했다. 그것은 모두 짝짓기 때문이다. 즉, 암컷들이 화려한 수컷들을 좋아하기 때문이다. 공작을 연구해 보니 긴 깃털, 인간의 눈같이 생긴 아이 스팟(eye spot)의 수, 그리고 아이 스팟의 선명성 등이 짝짓기 성공도와 관계가 있다는 것을 알게 되었다. 기생충이 많으면 선명한 색깔을 낼 수가 없고 발달 과정이 좋지 못하면 많은 아이 스팟과 긴 깃털을 만들어낼 수 없다. 즉, 공작 수컷은 화려한 깃털을 통해서 내가 상당히 좋은 유전자를 가지고 있다는 것을 선전하는 것이다. '이렇게 버거운 것을 가지고 있으면서도 지금까지 생존했다, 나는 뛰어난 놈이다'라는 것을 광고하는 것이다.

인간도 마찬가지다. 빌 게이츠가 결혼할 때 기억이 나는가? 그 사람은 하와이에 있는 모든 특급 호텔을 다 예약했다. 아무나 그런 일을 할 수 있는 것은 아니다. 인간의 경우에도 남성의 부나 사회적 지위 같은 것이 짝짓기할 때 매우 중요한 요소가 된다. 반대로 여성들이 그 점을 매우 중요하게 여긴다는 것이기도 하다. 실제 연구 결과를 보면 국가에 관계없이 여성은 남성을 고를 때 상대 남성의 사회적 지위가 얼마나 높으냐가 매우 중요하다. 그 반대는 아니다. 남성은 여성의 사회적 지위에 대해서 그렇게 중요하게 생각하지 않는다.

그렇다면 남성들은 어떤 여성들은 선호하는가? 도톰한 입술, 매끄러운 피부, 잘록한 허리 같은 섹시한 여성의 조건들이 사실은 문화적인 것이고 매스미디어가 그렇게 만든 것이라고 사람들이 이야기하는데, 실제로는 그렇지 않다는 연구가 많다. 도톰한 입술이라고 하는 것은 혈액 순환이 잘 되고 있다는 것을 보여주는 것이다. 매끄러운 피부는 건강 상태를 보여주는 것이고, 잘록한 허리도 마찬가지다. 그냥 매스미디어가 몰고 가니까 저런 것들을 남성들이 좋아하는 것이 아니라 짝짓기를 통해서 좋은 아이를 낳을 수 있는 여성이라는 것을 나타내는 표식이기 때문에 남성들이 본능적으로 선호하는 것이다.

여성은 자기가 낳은 자식이 자기 자식이라는 것을 확신한다. 자기가 낳았는데 자기 자식이 아니라고 우기는 여자가 있을까? 자기 배에서 나왔기 때문에 자기 자식을 의심하는 여성은 없다. 그러나 남자는 그렇지 않다. 남자는 자기 파트너가 아이를 낳으면 그 아이가 자기 아이라고 확신할 수 없다. 옆집 남자의 아이일 수도 있는 것이고, 다른 남자의 아이일 수도 있다. 그러니까 항상 진화 과정에서 불안과 어려움이 있다. '도대체 이 아이가 내 아이인가?' 하는 확신이 안 서는 것이다. 그것을 '부성 불확실성'이라고 이야기한다. 부성 불확실성은 남자에게만 있는 것이다. 따라서 질투심에도 성차가 생긴다. 남자는 자기의 여성 짝이 다른 남자와 바람을 피우는 것에 가장 큰 질투심을 느끼고, 여성은 자기의 짝이 다른 여자와 하룻밤을 자는 것보다는 오히려 커피숍에서 다정하게 이야기하며 감정적으로 교류하는 것에 더 질투심을 느낀다. 여성의 경우, 중요한 것은 자기 자식이냐가 아니라 자기 짝이 자식에게 자원을 가져다줄 수 있는 상황이냐이다. 이런 불안감을 극복하기 위한 심리 메커니즘이 바로 남자와 여자의 질투심이다.

우리는 밈 기계

여기까지도 잘 받아들이기가 쉽지 않을 수 있다. 이 말은 결국 내가 행동을 하지만 내 행동의 저 밑바닥을 보면 유전자가 내 행동을 꽉 부여잡고 있다는 말이기 때문에 썩 듣기 좋은 말은 아닌 것이다. 그런데 사람들을 더 불편하게 하는 이론이 있다. 사실 『이기적 유전자』란 책에서 가장 독창적인 부분은 '이기적 유전자 이론'이란 것보다 밈(meme)에 관한 부분이다. 밈이라고 하는 것은 영어로 meme이라고 하는데, 유전자가 gene을 쓰는 것에 대조되는 '문화유전자' 같은 것이다. 우리 인간은 문화를 갖고 있다. 우리는 유전자에게만 영향을 받는 것이 아니라, 우리가 만들어낸 문화에서도 똑같은 영향을 받는다. 이 이야기를 하고 싶어서 도킨스는 그 책에서 밈에 관해서 한 장을 할애했다.

그렇다면 밈이란 무엇인가? 요즘은 스마트 폰이 없는 사람이 없을 정도로 많이 사용한다. 스마트 폰이나 태블릿 피시가 나오면 그걸 처음으로 사기 위해 줄을 서는 모습을 볼 수 있을 정도이다. 요즘 노래와 관련한 서바이벌 프로그램이 많이 있다. 그 프로그램을 봐야 하기 때문에 집에 일찍 가야 한다고 말하는 사람도 많다. 어떻게 보면 황당한 이야기들이다. '그것이 뭐 그렇게 대단한 일인가?' 하고 생각할 수도 있다. 유전자의 관점에서 보면 잘 이해되지 않는 부분들이다. 대체 왜 우리가 만들어낸 문화와 우리가 만들어낸 프로그램들이 다시 우리의 행동과 마음을 사로잡는 걸까?

돼지들은 민주주의를 위해 내 평생을 헌신해야겠다는 생각을 하지 않는다. 그렇지만 인간은 그런 행동을 한다. 인간은 자신이 만들어낸 가치, 자신이 만들어낸 이념을 위해서 자기 목숨을 버릴 수 있다. 진화론적 관점에서 보면 말이 안 되는 행동들이다. 유전적인 적응도가 0이 되는 셈이기 때문이다. 역사를 돌아보면 자유, 민주주의 이런 것들을 위해 얼마나 많은 사람들이 자발적으로 목숨을 버렸는가? 우리가 만들어낸 제도나 가치들이 다시 우리의 행동과 마음을 사로잡거나 다른 방향으로 끌고 가는 것은 바로 우리 인간만이 가지고 있는 특성이다. 도킨스는 바로 이것이 밈 때문이라고 말한다.

이런 광경을 본 적이 있을 것이다. 매년 한 번씩 100만이 넘는 이슬람 신자들이 메카 주변에 하즈 순례를 하기 위해서 모인다. 이슬람교뿐만 아니라 기독교든 불교든 대규모 집회가 있다. 이런 광경은 우리에게 친숙한 것이어서 그리 놀랄만한 일이 아니다. 그러나 당신이 외계인 과학자라고 생각해보자. 그는 지구에 가서 호모 사피엔스라는 인간 종을 연구해서 보고서를 써야 한다. 그런데 외계인 과학자가 인간의 저런 행동을 본다면 무릎을 치면서 놀랄 것이다. 얼마나 흥미로운 광경인가? 다른 동물들에서는 절대 볼 수 없는 행동들이다. 예컨대, 당신의 정원에 개미가 5천 마리가 살고 있다. 그런데 매년 12월 24일만 되면 정원 어딘가에 개미들이 모두 모여서 춤을 춘다. 만약 그런 광경을 본다면 놀랍지 않을까? 우리 자신도 인간이기 때문에 그것이 특별한 행동이라고 생각을 하지 못하는데, 한 발 떨어져, 즉 외계인의 관점에서 보면 설명이 필요한 매우 독특한 행동인 것이다.

이런 행동들은 유전자의 관점에서 보면 쓸모없는 행동이다. 그러나 밈의 관점에서 보면 이해할 수 있다. 중요한 것은 누가 이익을 얻느냐는 것이다. 종교, 민주주의를 위한 희생과 같은 행동을 통해서 누가 이득을 얻는가? 이익을 얻는 것은 바로 밈 자신이다. 그런 행동을 통해서 개체는 희생되지만 대신 밈은 더 널리 퍼지게 되기 때문이다.

많은 사람들이 『이기적 유전자』라는 책을 잘못 이해한다. "와 이 책 정말 좋다. 이 책의 메시지는 결국 인간이 이기적인 존재라는 것을 참 잘 보여준 책이구나." 많은 사람들이 그렇게 생각한다. 그러나 그렇게 이해를 했다면 이 책을 완전히 잘못 읽은 것이다. 이 책의 메시지는 인간이 이기적이라는 것이 아니라 유전자가 이기적인데 어떻게 그 유전자로부터 이타적인 인간이 나올 수 있는가 하는 것이다. 이타적인 것처럼 보이는 인간의 협동행동들, 이타적인 행동들이 어떻게 이기적인 유전자로부터 나올 수 있는지가 이 책의 핵심이다. 유전자가 더 많은 자신의 복제본을 퍼뜨리기 위해서 인간을 이렇게 저렇게 행동하게 만들고 동물들도 각각의 방식대로 행동하도록 만들었는데 이타적인 행동마저도 이기적인 유전자가 그렇게 하게 만들었다는 것이 이 책의 핵심이다. 그리고 그것만이 아니라 인간은 밈이라는 문화유전자가 있어서 우리 행동을 변화시키는데, 그 변화된 행동이 우리 자신을 위한 행동이 아니라 어쩌면 그 밈 자체, 그 광고 자체, 그 이념 자체를 위한 것일 수도 있다는 것이다.

앞에 나온 좀비개미, 또 용감한 생쥐처럼, 어쩌면 인간도 우리 자신이 만들어낸 인공물에 다시 영향을 받아서 그렇게 행동하고 있는 것일지도 모른다. 그렇기 때문에 이기적 유전자와 밈이라고 하는 이론은 다윈 이후로 가장 위험하고 도발적인 이론이다. 우리가 이 같은 사실을 알았다면 우리는 유전자와 밈을 잘 길들여야 한다. 밈이 자기만을 위해 복제하도록 놔두어서는 안 될 것이다. 인간에 대한 과학적 이해를 바탕으로 더 좋은 세상을 만들기 위해 그러한 길들임이 필요하다.

현대 진화론의 대논쟁

'라이벌' 하면 누가 떠오르는가? 김연아와 아사다 마오? 피겨스케이팅이 이렇게 아름답고 정교한 기술로 발전하게 될지는 아무도 몰랐었다. 두 사람은 동갑내기이고 주니어 시절부터 계속해서 경쟁을 해왔다. 한 사람이 우승하기도 하고, 다른 사람이 우승하기도 하면서 엄청난 진보가 있었다고 보인다.

세상에는 참 많은 라이벌이 있다. 그런데 그 라이벌 관계 때문에 서로 큰 시너지 효과를 발휘하기도 한다. 이런 라이벌 관계는 연예계나 스포츠계에만 있는 것은 아니다. 실제로 과학계에도 라이벌 관계는 상당히 많다. 경쟁을 통해서 많은 과학 기술이 발전하기도 한다. 뉴턴과 라이프니츠는 미적분학을 누가 먼저 고안했는지를 놓고 엄청난 논쟁을 벌였다. 뉴턴과 라이프니츠뿐만 아니라 그 제자들까지도 진흙탕 싸움을 했을 정도였다.

덜 복잡한 것에서 더 복잡한 것으로

이 장의 주제는 과연 진화생물학계에도 그러한 라이벌 관계가 있는가 하는 것이다. 진화론의 양대 산맥의 한쪽에는 리처드 도킨스라는 걸출한 동물행동학자가 있다. 진화론에는 여러 분야가 있지만 동물행동학은 실제로 동물들이 어떤 식으로 행동을 하고 그것의 진화적인 이유가 무엇인가를 탐구하는 분야이다. 다른 한쪽에는 스티븐 제이 굴드라고 하는 사람이 있다. 스티븐 제이 굴드는 미국 사람이고 하버드 대학 교수를 역임하였다. 그는 동물행동학자가 아니고 고생물학자이다. 고생물학자는 옛날에 생물들이 어떻게 살았는지를 연구하는 사람이다. 굴드는 책을 엄청나게 많이 썼는데 쓰는 책마다 베스트 셀러가 되었다. 동갑내기인 두 사람 간에 엄청난 논쟁이 있었고, 그 논쟁에 수많은 사람들이 개입되어 있다.

도킨스와 굴드는 우리가 자연선택이라고 부르는 것이 얼마나 강력한가에 대해 서로 다른 주장을 전개하고 있다. 이 문제는 적응이라고 하는 것과 관련이 있다. 적응이란 말의 의미는 무엇일까? 북극에 가면 북극곰이 있다. 북극곰의 털은 흰색이다. 불곰과 북극곰의 색깔을 비교해보면 색깔이 다르다. 그러면 왜 북극곰의 털이 흰색일까? 원래부터 흰색이지는 않았을 것이다. 북극에서는 빙하와 눈 때문에 조금이라도 더 흰 털을 갖고 있는 곰들이 더 잘 살아남게 된다. 흰색 털을 가진 곰이 눈에 덜 띄기 때문이다. 그리고 그 털을 갖고 있는 것이 유전된다면 흰 털을 가진 북극곰으로 진화할 수 있는 것이다. 이렇게 되면 북극에는 점점 더 흰색 털을 가진 곰만 남게 된다. 이것이 바로 자연선택에 의한 진화이다. 그리고 종이 흰색 털이라고 하는 형질을 가지게 되는 것을 바로 적응이라고 한다.

인간의 눈을 보면 매우 복잡하다. 다윈 이전의 사람들은 이렇게 생각을 했다. '시계를 보면 그것을 만든 시계공이 있다. 인간은 시계보다 더 복잡한 눈을 가지고 있는데 그렇다면 그 눈을 만든 존재가 있어야 한다'라고 말이다. 이것을 바로 설계논증이라고 한다. '신은 인간의 눈과 같이 복잡한 존재를 만들 수 있는 유일한 존재이기 때문에 신이라는 것이 존재한다'고 사람들은 생각했던 것이다. 그러나 다윈은 완전히 반대로 생각했다. 신이나 설계가 먼저 있어서 인간의 눈을 만든 것이 아니고 자연적인 과정인 자연선택의 과정을 통해서 덜 복잡한 것에서 더 복잡한 것이 나올 수 있다고 생각했다. 이것이 바로 다윈의 위험한 생각이다.

적응의 결과인가? 단지 부산물인가?

복잡하고 정교한 기능을 하는 것이 적응에 의해서 만들어졌다고 이야기하면 별 문제가 없어 보인다. 하지만 여기에는 논쟁이 있다. 도대체 얼마나 복잡해야 그것이 자연선택에 의해서 만들어진 것이라고 할 수 있느냐는 질문이 가능하다. 이 질문은 달리 말해 자연선택이라고 하는 것이 이 자연계에서 얼마나 강력한가?라고 묻는 것이다. 예를 들어 심장을 살펴보자. 심장의 기능은 심장 박동을 통해서 온몸에 혈액을 공급하는 것이다. 병원에 가면 의사가 청진기를 들이대고 심장 박동을 듣는데, 어떤 사람은 이렇게 말할 수 있다. "심장의 기능은 잡음을 내는 것이다. 잡음을 내서 아픈지 안 아픈지를 알게 하는 것이다." 이 이야기는 좀 이상해 보인다. 소리를 내는 것은 심장의 원래 기능 같지는 않기 때문이다. 위의 두 가지 기능 중에서 혈액을 전달하는 첫번째 기능을 적응이라고 할 수 있고, 심장이 기계적인 장치이기 때문에 잡음을 내는 것은 부산물이라고 할 수 있다.

그런데 이 두 가지 기능의 구분을 왜 하는 것인가? 예를 들어 인간은 언어를 가지고 있는데, 그 언어라는 것이 의사소통을 위해서 생겨난 적응이냐? 아니면 뇌가 커지다 보니까 생겨난 부산물이냐? 이런 언어진화와 관련된 큰 논쟁이 있었다.

여기서부터 진화생물학자들이 개입을 하기 시작한다. 에드워드 윌슨이라는 학자가 있는데 그는 하버드 대학의 사회생물학자이다. 생물들은 아주 놀라운 수많은 기능을 가지고 있다. 그는 앞에서 얘기한 인간의 눈을 비롯한 생물의 놀라운 능력을 쭉 나열하면서 그런 것들이 다 어떤 기능들을 갖고 있는데 그런 기능들은 모두 자연선택에 의해서만 만들어질 수 있다고 이야기했다. 즉, 어떤 복잡하고 정교한 기능이 만들어지려면 자연선택 외에는 다른 방도가 없다는 것이다. 많은 사람들이 여기서 영감을 받아 인간의 마음과 행동도 자연선택을 가지고 설명해 보려고 연구를 시작했다.

문제는 1979년에 두 과학자가 에드워드 윌슨 식의 연구 방법론에 제동을 걸면서 시작된다. 공교롭게도 이 두 사람 역시 하버드 대학의 생물학과 교수였다. 에드워드 윌슨의 연구실이 3층이었다면 두 사람은 1층과 4층이었다. 같은 대학에 있는 사람들이 서로 학문적인 쟁점들을 가지고 이렇게 심하게 논쟁을 하는 것은 쉽지 않다. 어느 정도로 논쟁이 깊었냐 하면 엘리베이터를 타는데 자기가 반대하는 교수가 타고 있으면 타지 않을 정도였다. 그 정도로 심한 논쟁이었고, 심지어는 인신공격까지 하게 된다.

그 논쟁을 촉발시킨 논문이 바로 「성 마르코 성당의 스팬드럴과 빵글로스의 패러다임」이다. 두 사람이 공동으로 썼는데, 그중 한 사람은 위에서 말한 리처드 도킨스와 반대편에 서 있는 스티븐 제이 굴드라는 사람이고, 다른 한 사람은 리처드 르원틴이라는 진화유전학자이다. 그러면 이 논문이 왜 그렇게 많은 논쟁을 불러일으켰는지 알아보자.

이탈리아 베니스에 있는 성 마르코 성당의 구조는 돔을 유지하기 위해서 아치 형태로 만들어져 있다. 그런데 아치를 그렇게 세우면 기하학적으로 아치와 아치 사이에 역삼각형 모양의 빈 공간이 생길 수박에 없다. 건축가는 빈 공간을 그대로 두지 않고 여기에 예수의 열두 사도의 형상을 그려 넣었다. 사람들은 그것을 보고, '아 저 건축물에 역삼각형 모양의 공간이 있고 거기에 매우 특별한 모양들이 조각되어 있는 것을 보면, 건축가가 분명히 특별한 목적을 두고 그것을 설계했을 것이다'라고 생각한다. 어떻게 보면 너무나 자연스러운 생각이다. 문제는 여기서부터 출발한다.

건축학적으로 보면 스팬드럴은 특별히 설계된 것이 아니고 돔을 만들기 위해 아치를 만들다 보니 어쩔 수 없이 아치의 부산물로 나온 것이다. 단지 건축가가 남는 공간에 무언가를 그려 넣은 것에 불과하다. 앞에서 적응과 부산물을 가려냈었는데, 이것도 똑같은 이야기다. 어떤 대상이 특별한 기능이 있는 것처럼 보였지만, 즉 적응처럼 보였지만 실제로는 적응이 아니라 부산물이었던 것이다. 도대체 왜 생물학 이야기에서 건축학 이야기를 하고 왜 이런 이야기가 왔다 갔다 하는 것일까? 과학자들에게도 단수가 있다. 단수가 높은 사람들은 한번에 직설적으로 이야기하지 않는다. 당구에는 쓰리 쿠션이라는 것이 있는데 이것은 80 정도를 치면 잘하지 못하고 한 200 내지 300을 치면 잘할 수 있는 기술이다. 당구에서 쓰리 쿠션으로 공을 치듯이 이야기도 그렇게 멋있게 하는 것이다.

에드워드 윌슨 같은 사회생물학자는 이 세계에 존재하는 수많은 기능을 보면서 '이것들은 모두 자연선택에 의한 적응이다. 기능들이 있으니까 적응이지 않겠는가?'라고 생각했던 것이다. 스티븐 제이 굴드와 리처드 르원틴은 역삼각형 모양의 스팬드럴처럼 실제로는 부산물인 것을 적응이라고 사회생물학자들이 착각을 한다고 비꼬고 있는 것이다. 그들은 자연에 존재하는 것 중에는 사실 부산물이 많다고 말한다. 그것들은 자연선택에 의해서 만들어진 것이 아니라 만들다 보니 어쩌다 생겨난 부산물이라는 것이다. 굴드와 르원틴은 그 주장을 펼치기 위해서 건축학의 예를 든 것이다. 이 논문은 내용과 상관없이 너무나 좋은 과학적 수사(rhetoric)를 썼다. 과학 논문 중에서 이렇게 설득력 있는 수사를 쓴 경우가 별로 없다. 그래서 이 논문의 수사에 대해 분석을 하는 책도 있을 정도이다.

이쯤 되면 사회생물학자들이 한 발 물러나야 될 것처럼 보인다. 코가 오똑한 이유를 설명하기 위해서 코의 오똑함의 기능을 생각해내다가 '안경을 받치기 위해 코가 오똑한 것이다'라고 말한다면 뭔가 이상하다는 것을 느낄 수 있다. 코는 원래 오똑했고, 안경은 그 이후에 나온 것이기 때문이다. 굴드와 르원틴은 사회생물학자들도 마찬가지 오류를 범하고 있다고 주장한다. "봐라, 사회생물학은 기능 있는 모든 것을 다 적응, 자연선택의 산물처럼 생각하고 있다"고 비판하는 것이다.

그런데 여기에 맞불작전을 펴는 사람이 있다. 그는 다시 건축물을 예로 든다. 중세 바로크의 건축양식 중에 코벨 양식이라는 것이 있다. 건축가는 똑같은 지붕을 지탱하기 위해서 코벨 양식처럼 툭 튀어나온 방식으로 건축물을 만들 수도 있다. 다시 말하면 스팬드럴이라고 하는 양식이 유일한 양식이 아니라는 것이다. 건축가는 코벨 양식과 스팬드럴 양식 중에 하나를 선택할 수 있었다는 말이다. 다시 말하면 굴드와 르원틴이 건축물의 구조를 가지고 자연계에 얼마나 부산물이 많은지 이야기했지만 실제로 그것마저도 잘 선택하고 설계된 것이라고 이야기할 수 있다는 것이다. 대니얼 데닛(Daniel Dennett)이라는 학자가 『다윈의 위험한 생각』이란 책에서 그런 비판을 했다.

여러분은 지금 수준이 상당히 높아졌다. 과학적 논쟁이라는 것이 경험적으로 맞다 틀리다 하는 정도가 아니고, 과학에서는 비유도 많이 사용되고 그에 대한 설명을 어떻게 설득력 있게 해서 많은 사람들을 "아 맞다 그렇다"고 설복하느냐는 것이 바로 과학이 작동하는 방식이라는 것을 알았을 것이다.

더 구체적인 것을 이야기해보자. 언어가 적응일까? 아닐까? 언어라는 것이 의사소통을 위해서 생겨난 것일까? 아니면 뇌가 커지면서 자연스럽게 언어능력이 생겨난 것일까? 앞서 이런 논쟁이 있다고 언급을 했었다. 그 논쟁에서 가장 핵심적인 사람은 노엄 촘스키(Noam Chomsky)이다. 노엄 촘스키는 MIT에 있는 언어학자로 '20세기 언어학의 신'이라고 불릴 정도로 중요한 학자이다. 이 언어학자는 뇌가 커져서 언어라는 것이 부산물로 생겨나게 되었다고 주장한다. 그렇지만 그럼에도 그는 우리는 보편문법과 같은 타고난 능력들을 갖고 있다고 주장한다. 아이들이 언어를 습득하는 과정을 보면 아이들에게 엄마가 말투를 가르쳐주지만 어느 순간 아이들의 언어 능력이 폭발한다. 한번도 가르쳐주지 않은 문장을 말할 수 있게 되는 시점이 있다. 그것은 인간이 가지고 있는 본능적인 능력이다. 침팬지는 그런 능력을 갖고 있지 않다. 이 부분에 대해서는 진화학자들이 모두 동의한다. 하지만 언어가 처음에 어떻게 생겼는가 하는 문제에 대해서는 모두 동의하지 않는다. 이 부분에 언어가 적응이냐 부산물이냐 하는 논쟁이 있다. 부산물이라고 말하는 대표적인 사람에는 촘스키가 있고, 그의 주장에 대한 반론들이 있다. 침팬지와 사람은 소리가 나가는 성도의 구조가 다르다. 침팬지는 성도의 길이가 짧고 인간은 길다. 침팬지는 인간처럼 자음과 모음을 마음대로 낼 수 없다. 침팬지의 소리를 귀 기울여 들어보면 '꺽꺽'거리는 소리, '으악으악'거리는 소리밖에 들리지 않는다. 침팬지는 우리처럼 소리의 레퍼토리(repertoire)가 크지 않기 때문에, 인간의 언어를 따라 할 수 없지만, 반대로 인간은 침팬지를 따라 할 수 있다.

흥미로운 사례가 있다. 1960년대에 침팬지에게 언어를 가르치기 위해 침팬지를 입양하는 실험을 했다. 자기 자식이 세 살 때, 세 살짜리 침팬지를 데리고 와서 같이 키운다. 사람들은 그렇게 되면 침팬지가 인간의 언어환경에서 인간의 언어를 배울 것이라고 생각했다. 그러나 결과는 참담했다. 침팬지가 인간의 언어를 배우는 것이 아니라 인간이 침팬지의 언어를 배우게 되었다. 침팬지는 성도의 길이가 짧기 때문에 도저히 인간의 언어를 흉내낼 수가 없기 때문이다. 그래서 연구자들은 해부학적 구조가 다르다는 것을 알고, 침팬지에게 말소리 대신 수화를 가르쳤다. 그들은 침팬지에게 수화는 어느 정도 할 수 있도록 가르칠 수 있었고, 나중에는 컴퓨터 패널을 누르는 훈련을 시켰다.

그럼에도 침팬지는 인간처럼 소리를 사용하는 언어를 배울 수 없었다. 따라서 성도 같은 잘 설계된 인간의 신체 구조를 보면 지금과 같은 인간의 언어가 적응이지 않겠냐고 생각할 수 있다.

또한 언어에는 결정적인 시기(critical period)가 있다. 보통 1.5세에서 7세 사이인데 이 기간에 외국어를 배우지 못하면 원어민처럼 언어를 구사하기가 매우 어렵다. 그래서 결정적인 시기라고 부르는데, 이 시기는 일반 지능의 발달 시기와는 다르다. 뇌가 커지는 시기와 크게 상관이 없다고 주장하는 사람들도 있다. 만약 그렇다면 뇌의 크기가 증가하는 것과 언어 능력을 가지게 되는 것은 별개의 문제일 것이다. 아직도 이 논쟁은 계속되고 있다. 노엄 촘스키와 같은 언어학의 대가는 언어가 부산물이라고 주장하고 있고, 그렇지 않은 사람들은 반대편에 서서 논쟁을 진행하고 있다.

점진론과 단속평형론

마지막 쟁점으로 넘어가 보자. 퀸의 '보헤미안 랩소디'라는 노래가 있다. 이 노래를 들으면 전율이 느껴지는 부분이 있는데 바로 박자가 변화는 부분이다. 이 노래는 느리게 진행되다가 갑자기 박자가 빨라지고, 빨라지다가 다시 본래 템포로 돌아온다. 음악에 박자가 있다는 것은 너무나 당연하다. 꼭 박자가 변해야만이 음악이 아름다운 것은 아닐 것이다. 잘 알다시피 비발디의 '사계'의 1악장은 계속해서 알레그로로 지속된다. 그러나 중요한 것은 모든 변화하는 것에는 템포가 있다는 것이다. 그렇다면 생명의 변화에도 템포가 있을 것이다.

그 변화의 템포라고 할 수 있는 진화의 속도와 양상을 두고 지난 150년간 큰 논쟁이 있었다. 왼쪽 그래프는 '점진론'이라고 하는 것을 타나낸다. 시간이 지나가면서 곡선이 매끄럽게 그려져 있다. 오른쪽 그래프는 계단 형태이다. 그래프를 보면 어

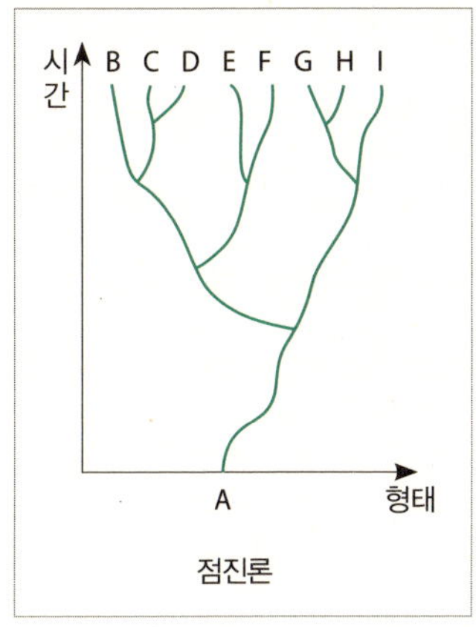

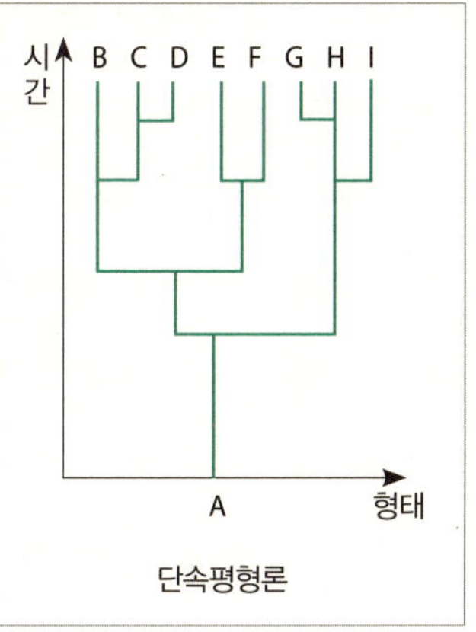

● 그림 10 점진론과 단속평형론
가로축은 형태를, 세로축은 시간을 나타낸다. 점진론은 형태의 변화가 시간이 지남에 따라 점진적으로 일어난다고 주장하는 데 비해, 단속평형론은 긴 정체기와 갑작스런 변화가 반복된다고 주장한다.

느 시간 동안 형태가 유지되다가 갑자기 변하게 된다. 진화의 패턴이 이 둘 중에 어떤 것이냐를 두고 다윈 이후로 지난 150년간 수많은 학자가 논쟁을 벌였다. 그 논쟁의 중심에는 공교롭게도 리처드 도킨스와 스티븐 제이 굴드가 있다. 물론 더 위로 가면 다윈이 있다. 다윈이 『종의 기원』을 처음 냈을 때, 토마스 헉슬리가 이런 이야기를 했다. "당신이 너무 훌륭한 책을 썼는데, '자연은 도약하지 않는다'는 격언을 너무 신경 쓰는 것 같다"고. 헉슬리가 왜 그런 이야기를 했느냐 하면 다윈의 이론에 따르면 생물이 점진적으로 변화해야 할 것 같은데 실제로 화석을 보면 생물이 점진적으로 변하는 것이 아니라 갑자기 어느 순간 뚝 끊어지는 것처럼 보이기 때문이다. 다음 단계를 부드럽게 이어줄 중간단계의 화석들이 나타나지 않았기 때문이다. 그래서 사람들은 다윈의 이론에 문제가 있다고 생각했다. 진화학자들은 이 문제를 인식하고 '화석기록이 아직은 불완전하기 때문이다'라고 인정하기에 이른다. 진화학자들은 계속 화석을 채취하게 되면 그 중간 지점들을 다 찾아낼 수 있을 것이라고 생각했다.

그러나 100년이 지난 후에도 별로 진전이 없었다. 그래서 사람들은 의심하기 시작했다. 점진론이라고 하는 것이 혹시 문제가 있는 것이 아닌가라고 생각한 것이다. 거기에 포문을 연 사람이 바로 스티븐 제이 굴드이다. 고생물학자는 화석을 만지는 사람이라 권위를 가지고 이 이야기를 할 수 있었다. 스티븐 제이 굴드와 동료였던 엘드리지라는 사람이 1972년에 논문을 썼는데 그들은 여기서 점진론에 대한 대안을 내겠다면서 단속평형론이라고 하는 새로운 이론을 제시했다. 그러면서 오른쪽에 있는 그래프를 그렸던 것이다. 그들은 실제로는 생물이 점진적으로 변하는 것이 아니고, 계단식으로 급격하게 변했다가 또 오랫동안 그 상태가 안정적으로 지속되고, 다시 급격하게 변하는, 단속적인 패턴을 보인다고 주장했다. 그러면서 그런 변화의 메커니즘을 제시했다. 그들은 갑자기 거대한 돌연변이가 생기거나 지리적인 격리에 의해서 빠르게 종 분화가 일어나는 경우에 급격한 변화가 생길 수 있다고 말했다. 굴드는 이런 예들을 들면서 종 분화가 기존의 속도와는 달리 빨리 진행되는 경우가 존재한다고 주장한다. 이 논문으로 스티븐 제이 굴드는 일약 스타가 되었다. 다윈의 진화론을 대체할 만한 상당히 훌륭한 이론이라고 자기 스스로는 물론 동료들이 인정했다.

물론 리처드 도킨스는 가만히 있지 않았다. 그래서 『눈먼 시계공』이라는 책에서 스티븐 제이 굴드를 비판한다. 비판의 핵심은 이렇다. 이 비판 또한 고수의 비판이다. 성서에 나온 출애굽 이야기를 들어보았을 것이다. 성경에는 이스라엘 백성이 이집트에서 가나안 땅으로 가는 데 40년이 걸렸다고 나온다. 이 사실을 놓고 역사학자 A라는 사람은 이렇게 해석을 한다. 이집트에서 가나안 땅까지 직선 거리를 재면 매일 얼마씩 가야 40년 만에 목적지에 도달할 수 있는지 계산할 수 있을 것이다. 역사학자 A는 실제로 이스라엘 백성이 이렇게 꾸준히 40년 동안 갔을 것이라고 주장하는 사람이다. 반면 역사학자 B는 이렇게 말한다. 그게 말이 되느냐? 어떻게 매일 그렇게 꾸준히 갈 수 있느냐? 그게 아니라 어디 가다가 헤매기도 하고 어딘가에서 텐트 치고 20년 살다가 애도 낳고 그러다가 딴 곳으로 간 것이고 그것이 실제 역사이다. 둘 중 누구의 설명이 더 그럴 듯한가? 당연히 역사학자 B의 이야기일 것이다.

여기서 점진론과 단속평형론 이야기로 돌아가 보자. 단속평형론을 주장하는 사람은 역사학자 B이다. 가다가 머무르다를 반복하는 모습이다. 그리고 점진론을 주장하는 사람은 역사학자 A라고 할 수 있다. 그렇다면 조금 이상하다. 도킨스가 갑자기 굴드 편을 들어주는 것처럼 보인다. 그러나 여기에 반전이 숨어 있다. "스티븐 제이 굴드, 당신은 지금 단속평형론과 점진론을 비교해야 하는데, 실제로 같은 속도로 40년을 가는 등속론을 단속평형론과 비교하면서 실제로 단속평형론이 그럴 듯 하다고 주장하는 것 아니냐? 우리가 이야기하는 것은 등속론이 아니다. 누가 등속론을 주장할 수 있겠느냐? 점진론이라고 하는 것은 같은 속도로 간다는 것이 아니다." 그는 굴드가 짜놓은 판이 잘못된 판이라고 주장한다. 스티븐 제이 굴드가 허수아비를 놓고 공격하고 있다는 것이다.

이 문제에 대해서 나는 도킨스에게 한 표를 주고 싶다. 과학자 중에 스케일이 가장 큰 사람은 누구일까? 바로 천문학자이다. 천문학자들은 기본적으로 몇억 년을 생각한다. 지구의 나이가 45억 년, 우주의 나이가 138억 년이라고 생각하면 1억은 그 사람들에게 별 게 아니다. 그 다음 스케일이 큰 학자는 바로 고생물학자이다. 그 사람들은 십만 년, 백만 년을 눈 깜짝할 사이라고 생각한다. 기껏해야 100년을 못 사는 인간이 백만 년을 상상하기는 쉽지 않다. 그러나 고생물학자는 십만 년, 백만 년을 한 스케일로 생각한다. 잘 들여다보면 천 년의 눈금으로는 점진적인 과정인데 십만 년, 백만 년의 눈금을 하나로 본다면 없었다가 생기는 그런 갑작스런 과정으로 보일 수 있다. 스케일에 따라서 변화가 점진적이냐, 격변하느냐가 달라질 수 있다는 것이 도킨스가 주장한 것의 요체이다.

예를 들어 판소리와 서양음악은 근본적으로 다른 기준을 가지고 있다. 한 박자를 어떻게 보느냐는 것인데, 판소리는 한 호흡이 한 박자이다. 그런데 피아노는 메트로놈을 가지고 친다. 여기에서는 맥박이 한 박자가 된다. 맥박으로 한 박자를 셀 것이냐, 호흡으로 한 박자를 셀 것이냐에 따라서 빠른 음악이 될 수도 있고 느린 음악이 될 수도 있는 것이다. 이런 스케일의 차이 때문에 생긴 것을 가지고 '다윈이 틀렸다. 다윈은 점진론인데 그것은 현대의 화석의 관점에서 보면 틀렸다'라고 이야기하는 것은 오해일 수 있다. 이 논쟁에서만큼은 견해를 표명하고 싶은데, 나는 도킨스 편에 서고 싶다.

마지막으로 이러한 대논쟁에서 한 가지 해결책이 생겼다는 것을 언급하고 넘어가겠다. 최근에는 매우 큰 변화들도 유전자의 작은 변화에 의해서 생겨날 수가 있다는 연구들이 발표되고 있다. 예컨대 야생 옥수수는 우리가 먹는 옥수수와는 다르다. *tb*1이라고 하는 유전자에 단 하나의 변이가 생기면 표현형에 커다란 변화를 불러일으키는데 바로 이 차이가 야생 옥수수와 우리가 먹는 옥수수의 차이를 만든다. 전자제품 광고 중에서 '작은 차이가 명품을 만듭니다'라는 광고 문구가 있는데 비슷한 일이 자연계에서도 벌어지고 있는 것이다.*

지금까지 살펴본 이런저런 논쟁들을 정리해보면 '과학은 논쟁이다'라는 것을 알 수 있다. 보통 사람들은 과학에 논쟁이 없다고 생각하는데 그것은 잘못된 것이다. 실제 과학 이론은 나오자마자 항상 논쟁에 휩싸인다. 그렇기 때문에 논쟁을 얼마나 생산적으로 잘 하느냐가 과학의 중요한 부분이다. 지난 150년 동안 다윈의 진화론은 수많은 사람에 의해서 검증되고 수많은 학

* 이 사실은 유전자 수준에서의 점진적인, 작은 변화가 표현형 수준에서는 단속적인, 큰 변화로 보일 수도 있다는 것을 보여준다. 이런 연구는 점진론과 단속평형론 사이에 다리를 놓는 역할을 할 수 있을 것이다.

파를 만들어내고, 그를 통해서 빠르게 발전해왔다. 경쟁은 과학의 핵심이다. 과학은 경쟁을 통해서 발전해왔다. 진화론도 다윈 이후 수많은 학자와 이론 간의 경쟁에 의해서 발전했다고 볼 수 있다. 저명한 생물철학자 킴 스티렐니의 말처럼 "과학은 맞수들 간의 싸움이다."

진화는 진보인가?

우리는 보통 경쟁을 통해서 진화가 일어나고, 경쟁을 통해서 진보가 일어난다고 생각한다. 그러나 과연 진화와 진보의 관계가 그렇게 단순할까? '진보'라는 말은 뭔가 더 좋은 방향으로 간다는 것을 의미한다. 많은 사람들이 생각하는 것처럼 진화와 진보는 항상 같이 가는 것일까? 달리 말해 진화는 항상 좋은 방향으로 가는 것일까? 혹은 그런 방향이 있기는 한 걸까? 이것이 이 장의 주제다. 이 질문들은 답하기가 쉽지 않다. 다만 다양한 견해가 있다는 것을 밝히고 이야기를 시작해보도록 하자.

공룡은 멸종했다. 따라서 지금까지 살아 있는 공룡을 본 사람은 없을 것이다. 우리가 본 공룡은 모두 박물관에 있는 박제된 공룡들이다. 그런데 공룡은 왜 멸종했을까? 빙하기라 추워서? 운석이 충돌해서? 공룡을 멸종시킨 중요한 사건은 6500만 년 전에 소행성이 지구에 충돌한 것이다. 운석과 충돌해서 공룡이 멸종했다는 말을 듣고 공룡이 운석에 맞아 죽었다고 잘못 생각하는 사람도 있다. 물론 맞아 죽은 공룡도 있었겠지만 사실 맞아 죽은 공룡보다는 다른 이유로 죽은 공룡이 대다수이다. 핵폭탄이 터지면 버섯구름과 같은 것이 생겨서 햇빛을 가리게 되는데, 그러면 광합성을 하는 식물들이 죽게 된다. 운석 충돌은 핵폭발보다도 훨씬 큰 폭발이 일어난 거라고 생각하면 된다. 운석이 충돌하고 광합성을 하는 식물들이 죽고, 이어서 식물을 먹고 사는 덩치가 큰 생물체들이 먹을 것이 없어서 굶어 죽게 된다. 사실 먼저 죽는 것은 먹이사슬의 정점에 있는 생물들이다. 그래서 먹이사슬의 정점에 있었던 공룡이 멸종을 하게 된 것이다.

그러면 6,500만 년 전 지구에 소행성이 떨어지지 않았다면 어떻게 되었을지 상상해보자. 그랬다면 아마 공룡은 멸종하지 않았을 것이고, 여전히 지구를 지배하는 대표적인 종이지 않았을까 생각한다. 또 운석이 떨어지지 않았다면 우리와 같은 인간은 아마 나오지 않았을지도 모른다. 우리 인간은 운석에게 감사해야 한다.

이 장의 주제는 진화와 진보에 관한 것이다. 진화와 진보의 관계에 대해 알고 싶은 것이다. 우리는 경쟁을 통해서 진화가 일어나고, 진화를 통해서 진보로 나아가는 것이라고 오해하기 쉽다. 하지만 이 글의 핵심은 '진화와 진보의 관계가 그렇게 분명하지 않다. 그렇게 직선적이거나 간단하지 않다'는 것이다.

아리스토텔레스부터 시작해서 서양의 많은 사람들은 생명들이 사다리와 같은 위계 구조를 가지고 있다고 생각했다. 그들은 생명이 긴 사슬로 연결되어 있다고 생각했는데, 그 사슬의 정점에 있는 동물이 바로 인간이다. 인간 아래에 침팬지와 원숭이가 있는 것이지 인간 위에 있는 것은 아니었다. 그리고 인간 위에는 천사와 신이 있다고 이야기를 했다. 이것이 오랜 세월 서양 사람들이 가졌던 기본적인 생각이었다.

다윈은 이 생각을 완전히 뒤집었다. 생명의 나무를 보면 가지를 치면서 뻗어나간 것을 알 수 있다. 생명의 나무에서는 인간이나 침팬지나 수평으로 동일한 선상에 있다. 그것은 어떤 의미에서 인간이든 침팬지든 모두 현재 환경에 잘 적응하고 있다는 것을 말해준다. 따라서 인간과 침팬지의 우열을 가릴 수가 없다. 침팬지가 인간사회에 오면 우리가 도와주지 않는 이상 살아갈 수 없을 것이다. 반대로 침팬지가 있는 환경에서는 인간이 덜 적응적이다. 우리가 침팬지 사회에 가면 침팬지의 도움 없이는 어쩌면 살아갈 수 없을지도 모른다. 왜냐하면 생명체의 능력은 주어진 환경에 맞게 진화를 했기 때문이다. 이러한 생각은 우리가 하등동물이냐 우월한 동물이냐 하는 우리가 늘 내뱉는 말을 그렇게 쉽게 할 수 있을지에 대해서 의문을 가지게 한다.

진화와 진보와 관련해서 상당히 중요한 사람이 있다. 허버트 스펜서(Herbert Spencer)라는 사람인데, 빅토리아 시대의 철학자이자 사상가이다. 그는 다윈의 사상을 받아들이는 데 그친 것이 아니라 그 사상을 사회에 적용하였다. 스펜서는 『보편적인 진보, 그 원리와 원인』이란 책을 썼다. 빅토리아 시대의 영국 분위기를 이해할 필요가 있는데, 영국 빅토리아 시대 사람들에게 가장 큰 가치는 진보와 경쟁이었다. 스펜서는 이런 빅토리아 시대의 정신을 대표하는 사람이었다. 그는 경쟁을 통해서 사회가 진보되고, 그리고 결국 우리가 꿈꾸는 세상을 만들어야 한다고 생각했다. 그러니 스펜서는 다윈의 진화론이 무척이나 반가웠을 것이다. 왜냐하면 다윈은 언뜻 보면 경쟁을 이야기하고 있는 것처럼 보이기 때문이다. 다윈은 엄청난 경쟁을 통해서 종이 변화하고, 그 종이 변한 것이 현재의 생물들이라고 말하고 있다. 스펜서가 이 다윈의 이론이 매우 반가운 나머지 어떤 과장을 하냐 하면, 진화라는 말을 사용한다. 진화는 영어로는 evolution이라고 하는데, 놀랍게도 다윈은 이 '진화(evolution)'라는 말을 사용한 적이 없다. 다윈은 처음에는 진화라는 말 대신에 '변화를 동반한 계승(descent with modification)'이라는 말을 사용했다. 영어에서 진화(evolution)라는 말은 뭔가를 계속 펼친다는 의미를 담고 있다. 즉 이 '진화(evolution)'에는 '진보'의 의미가 담겨 있다. 그러나 다윈은 꼭 진화가 진보라고 생각하지는 않았다. 다윈은 스펜서가 말한 것을 그대로 쓰는 것을 꺼렸다. 그러나 그 당시 스펜서는 유명했고 사회적으로 파급력이 있는 사람이었기 때문에 결국 나중에 다윈도 진화라는 말을 사용하게 된다.

또 한 가지 놀라운 사실은 '적자생존'이라는 말도 다윈의 진화론에서 가장 중요한 말 중의 하나인데, 그 말도 다윈이 아니라 스펜서가 먼저 썼다. 다윈은 울며 겨자 먹기로 이 말을 『종의 기원』 4판부터 사용한다. 스펜서와 같은 사람들은 사회진화론자라고 알려져 있다. 다윈의 생물학적인 진화론을 받아들여서 사회에 적용했던 사람들이다. 그 당시에 이런 사람들이 많이 있었기 때문에 진화와 진보의 관계가 역사적으로 얽혀 있다고 생각되어온 것이다.

다윈 자신은 열등과 하등을 이야기하지 말라고 했으면서도 한편으로는 뭔가 진보의 보편적인 방향이 있는 것 같다는 식으로 이야기하기도 했다. 약간 이중적인 면모를 보인 것이다. 그 당시 영국 사회가 워낙 '진보'를 중요한 가치로 생각했고, 다윈 자신도 시대를 벗어날 수 없었기 때문에 거기에서 자유롭지 못했다고 볼 수 있다.

그럼에도 여전히 의미있는 존재

이런 역사적인 배경이 있지만 다른 측면에서 진화를 진보라고 생각할 이유도 있다. 자연계에는 수많은 꽃과 동물과 식물, 상당히 다양한 종이 있다. 그런데 아마 30억 년 전에는 그렇게 다양한 종이 있지 않았을 것이다. 30억 년 전의 지구와 지금의 지구를 비교하면 초등학생도 당연히 생물 종이 다양해졌을 것이라고 생각할 것이다. 그렇다면 다양성을 향한 진보 내지는 진화가 일어난 것이라고 생각해볼 수 있다. 진화가 진보라면, 무엇이 증가하고 또 무엇이 감소했는지, 진화가 어떤 방향으로 나아가는지와 같은 질문을 할 수 있을 것이다. 이 질문에 가능한 답은 복잡성이다. 우리는 예전보다 우리가 복잡해졌다고 생각한다. 우리가 박테리아보다 복잡한 것은 사실이다. 물론 박테리아 하나를 뜯어보면 그 안에 상당히 복잡한

● 그림 11 복잡성의 측정
쌍엽기(왼쪽)와 에어버스(오른쪽) 중에 어느 것이 더 복잡한지는 기준을 어떻게 잡느냐에 따라 다르다.

요소가 있지만 우리는 그렇게 복잡한 박테리아보다 더 복잡한 세포들로 가득 차 있다. 그렇기 때문에 복잡성이 증가하는 방향으로 변화가 됐을 것이라고 생각된다. 그러나 이 상식적인 이야기도 간단한 문제만은 아니다.

그림을 보자. 하나는 쌍엽기이고 하나는 에어버스이다. 어떤 것이 더 복잡한가? 겉으로만 보면 쌍엽기가 조금 더 복잡해 보인다. 에어버스는 매끈한 외관을 가지고 있어 별로 복잡해 보이지 않을 수도 있다. 그러나 기계 장치들을 뜯어보면 어떨까? 부품을 다 뜯어보면 에어버스가 훨씬 더 복잡하다고 할 수 있다. 그렇다면 도대체 복잡함을 어느 수준에서 이야기할 수 있겠는가? 겉모양만 보면 쌍엽기가 더 복잡하다. 하지만 내부를 뜯어보면 에어버스가 훨씬 더 복잡하다. 그렇다면 복잡성을 어떻게 측정할 수 있는가? 복잡성의 기준은 무엇이고 어떻게 측정할 수 있는가는 간단한 문제가 아니다. 그렇기 때문에 논쟁이 있는 것이다.

많은 사람들이 진화가 일어나는 과정에서 복잡성이 증가했을 것이라고 추론한다. 그 추론에 대해서 제동을 건 사람이 스티븐 제이 굴드이다. 도대체 소행성이 충돌하지 않았다면 어떤 생명체들이 살아 있을 것인가? 스티븐 제이 굴드는 지구 생명의 역사가 녹화된 비디오 테이프와 같은 것이라고 상상하고 그 테이프를 거꾸로 감아 보자고 제안한다. 6,500만 년 전 소행성이 떨어지기 전까지 감았다가 다시 풀어놓는데, 요점은 초기 조건을 약간 변화시키는 것이다. 예를 들어 큰 소행성 대신에 조금 작은 소행성이 떨어졌다고 생각하면 과연 생명체가 지금과 똑같을까? 굴드의 대답은 그렇지 않다는 것이다. 굴드는 인간과 같이 지능을 가진 생명체가 나올 수는 있겠지만 우리와 똑같이 생긴 생명체는 절대로 나올 수 없다고 주장한다. 이것이 굴드의 생명의 테이프 이론이다. 테이프를 다시 감아서 다시 풀어보면 지금과는 다른 모습이 나온다는 것이다. 이것은 철학적으로 중요한데, 진화에서 '우발성'이 매우 중요하다는 것을 말해준다.

우리는 몸을 가꾸기 위해서 열심히 운동도 하고 공부도 한다. 그러다가 뜻하지 않게 사고를 당하기도 한다. 길을 가다 교통사고를 당하기도 하고, 산에 올라가다 미끄러지기도 한다. 진화에서도 마찬가지로 우연한 사건들이 일어났었다. 그런 사고들은 우리가 예측할 수 없는 것들이다. 인간에게는 6,500만 년 전의 운석이 고마운 존재지만 공룡에게는 정말 얄미운 존재다. 내가 진화론을 공부하면서 느낀 것 중 하나는 우리가 아무리 열심히 하고, 힘을 쏟고 해도 결과적으로 우리가 어찌할 수 없는 부분들이 있다는 것이다. 그것이 바로 진화의 역사이다. 여러분의 아버지와 어머니가 만나지 않았다면 오늘의 여러분은 없었을 것이고, 할아버지와 할머니가 눈이 맞지 않았다면 역시 오늘의 여러분은 없었을 것이다. 계속해서 거슬러 올라가다가 한 부분이라도 삐끗해서 다른 일이 벌어졌다면 오늘의 여러분이 존재할 수 없는 것이다. 나는 길을 가다가 야생의 꽃을 발견했는데, 이 꽃이 있기까지는 정말로 수많은 진화의 시간을 거쳤던 것을 진화론을 공부하면서 깨달았다. 진화의 역사에서 단 한 가지라도 문제가 생겼다면 그곳에 꽃이 없었을 것이다. 정말로 "한 송이 국화꽃을 피우기 위해 소쩍새들이 밤새 울어야" 하는 것이다. 결국 이 이야기는 진화가 우연의 산물이라는 것이다. 그렇다고 그 사실이 우리 자신을 의미 없는 존재로 만드는 것은 아니다. 그럼에도 우리는 여전히 의미가 있는 존재이다.

레고 블록을 쌓듯이

스티븐 제이 굴드가 이런 이야기를 하니까 리처드 도킨스가 가만히 있지 않았다. 이 사람은 진화가 진보일 수 있다고 주장한다. 물론 운석이 떨어진 것처럼 어떤 환경이 갑자기 급변하게 되면 운석이 떨어지기 전에 공룡이 차지했던 지위를 잃게 될 것은 인정한다. 하지만 그럼에도 생명체를 짧은 기간 동안에 진보하게 만드는 메커니즘이 있는데, 그중 하나가 바로 이런 것이다. 그림을 보면 얼룩말들이 너무 빨리 달리니까 표범이 슈퍼슈즈를 사서 신고 있다. 경쟁의 한 쪽이 뭔가 새로운 장치를 진화시키면 그것을 이기기 위해서 다른 쪽은 또 다른 장치를 만들어가는 것이다. 도킨스는 이러한 일종의 군비경쟁 같

● 그림 12 진화와 군비경쟁
진화는 포식자와 피식자 간의 군비경쟁을 촉진한다.

은 것이 어떤 한 방향으로 진보를 촉진시킨다고 주장한다.

더 재미있는 주장은 생명체가 진화하면서 환경에 따라서 이렇게도 갔다 저렇게도 갔다 하는 것이 아니라는 것이다. 도킨스에 따르면 진화의 큰 그림을 보면 일종의 '진화의 분수령'과 같은 아주 중요한 사건들이 있었다. 그 분수령을 넘으면서 생명이 한 차원 높아졌다고 이야기할 수 있다는 것이다. 예를 들어 그런 분수령 중 하나는 '체절'이다. 곤충을 보면 체절이 있다. 지네 같은 경우 체절이 매우 많다. 생명체가 체절을 갖게 되었다는 것은 매우 중요한 사건이다. 왜냐하면 체절의 숫자를 조절해서 다양성을 늘릴 수가 있고, 체절에 부속지(다리, 안테나 등)를 붙이는 것은 마치 레고를 쌓는 데 더 다양한 종류의 레고 블록을 얻는 것과 같기 때문이다. 처음에 레고 블록 다섯 개로 시작했을 때와 그 다섯 개 더하기 다섯 개, 열 개의 레고 블록을 가지고 시작했을 때와 비교해서 어느 쪽이 더 진보했다고 말할 수 있는가? 당연히 후자 쪽이다. 그런데 생명체는 일단 분수령을 넘으면 다시 뒤로 돌아갈 수 없다. 예컨대 한번 다세포 생물이 된 종은 다시 단세포 생물로 돌아갈 수 없다. 그렇기 때문에 진화는 환경에 따라 요동하는 것이 아니라 방향성을 가지게 된다는 것이다. 생명체의 역사를 쭉 보면 우리가 환경에 따라 이리 가기도 하고 저리 가기도 하고 또 환경이 상당히 오랫동안 유지되면 급속하게 진보하기도 하지만 또 아주 큰 그림을 그려보면 생명이라고 하는 것은 분수령을 넘는다는 것이다.

예컨대 세포가 생겼다는 것은 대단히 중요한 사건이다. 세포를 가지고 훨씬 다양한 것을 만들 수 있고 세포들을 여러 개 뭉쳐서 다세포 생물을 만들 수 있다. 다세포 생물 중에서도 더 복잡한 것을 만들 수도 있다. 레고 블록으로 만들 수 있는 것이 처음에는 제한되어 있지만 다양한 레고 블록들이 하나 둘 만들어지면 엄청난 성을 만들 수도 있다. 그런 일이 실제로 자연계에서 벌어지고 있다는 것이 리처드 도킨스의 생각이다.

그 생각을 생물학적으로 이야기해보자. 그림 13의 초파리는 조금 이상하다. 잘 보면 날개가 하나 더 달려 있다. 원래 날개는 한 쌍인데 홀터라고 하는 자리에 한 쌍이 더 나온 초파리다. '울트라 바이쏘락스(*ultrabithorax gene*)'라고 하는 유전자가 있는데 그 유전자에 변이가 생기면 다른 곳은 모두 멀쩡한데 이 홀터 자리에 한 쌍의 날개가 더 생긴 돌연변이 초파리가 태어난다.

그림 14는 더듬이가 나올 자리에 다리가 나온 초파리다. 안 좋은 모습이기는 하지만 이런 일이 가능하다. '안테나 피디아(*antennapedia*)'라는 유전자에서 변이가 생기면 이런 일이 벌어진

● 그림 13 울트라 바이쏘락스
이 유전자에 변이가 일어나면 한 쌍의 날개가 더 생긴다.

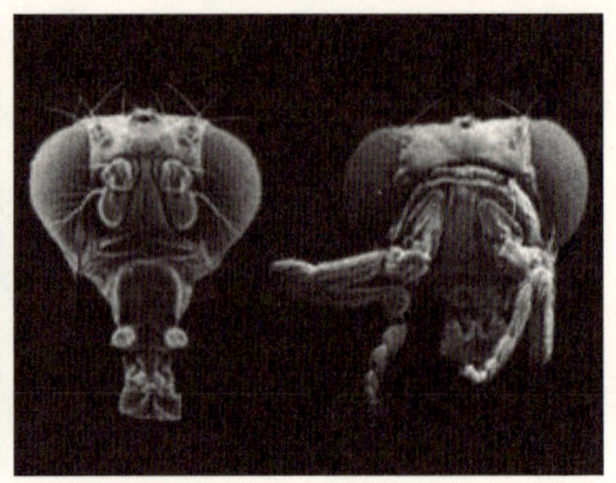

● 그림 14 안테나 피디아
이 유전자에 변이가 일어나면 더듬이 자리에 다리가 나온다.

다. 이런 유전자들을 우리는 발생유전자라고 부른다. 발생에서 매우 중요한 역할을 하기 때문이다. 좀 더 정확히는 이런 유전자를 혹스 유전자라고 부른다. 이 혹스 유전자는 초파리만 가지고 있는 것이 아니다. 인간도 가지고 있고 쥐도 가지고 있다. 그런데 초파리에서 하는 역할과 쥐에서 하는 역할이 거의 비슷하다. 약간 용도 변경을 하기는 하지만 매우 비슷하다. 발생과정에서 초파리의 앞뒤 축을 결정해야 하는 유전자가 인간의 척추의 앞뒤 축을 결정한다. 초파리에게 썼던 유전자가 쥐, 인간에게도 똑같이 사용되고 있다는 말이다. 다시 말해, 레고 블록을 버린 것이 아니라 레고 블록을 가져다가 조금 보완해서 쓴다는 것이다.

초파리의 눈과 인간의 눈은 다르다. 초파리의 눈은 겹눈이고, 쥐나 인간의 눈은 겹눈이 아니다. *pax6*라는 유전자가 있는데 이 유전자는 포유동물의 눈을 관장한다. 아이리스(*eyeless*)라는 유전자는 초파리의 눈을 결정하는 유전자이다. 이 유전자를 원래 자리가 아닌 다른 자리에 놓으면 엉뚱한 곳에서 초파리의 눈이 발생한다. 그리고 쥐에서 *pax6* 유전자를 없애버리면 눈이 발생하지 않는다. 이 유전자들은 눈과 관련되어 이것을 발생시킬 것인가 말 것인가의 스위치를 켜는 역할을 한다. 이런 유전자가 초파리에게도 있고 인간에게도 있다. 그리고 그 유전자는 거의 같다. 인간의 눈이 초파리의 눈과 모양과 구조가 너무나 다르기 때문에 다른 유전자들로 만들었을 것이라고 생각해왔지만, 알고 보니 그렇지 않다는 것이 밝혀진 것이다. 동일한 유전자를 가지고 초파리의 눈도 만들고 인간의 눈도 만들어지는 것이다. 상당히 효율적인 방식이다.

같은 리듬이 계속해서 변주되는 변주곡처럼 생명도 상당히 복잡하지만 도킨스의 주장은 생명체가 발전하는 과정에서 레고 블록과 같이 중요한 것들을 하나씩 하나씩 얻어왔다는 것이다. 초파리에서 필요한 레고 블록이 다섯 개라면 쥐에게는 일곱 개, 인간에게는 여덟 개이고 그 구조도 일곱 개, 여덟 개 블록들이 조금씩 변형된 형태라는 것이다. 그런 관점에서 보면 우리가 진화라고 하는 것이 이렇게도 갔다가 저렇게도 갔다 하는 식으로 역사 속에서 환경이 바뀌니까 변화하는 측면도 있지만, 사실 큰 그림을 그려보면 레고 블록을 점점 쌓는 것처럼 진보하고 있다는 사실을 받아들일 수도 있다. 그래서 리처드 도킨스는 '진화력(evolvability)'이라는 말을 만들고 진화력이 증가한다고 이야기를 했던 것이다. 즉, 진화력이 증가한다면 생명도 진보한다고 이야기할 수 있다.

그것은 그렇게 간단하지 않다

지금까지의 논쟁을 종합해보자. 앞 장에서 현대 진화생물학자들의 논쟁에서도 의견의 일치를 보지 못했던 것과 마찬가지로 진화가 진보냐 하는 문제에 대해서도 진화생물학자들의 일치된 의견이 없다는 것을 알 수 있다. 서로 양쪽에서 '진보가 아니다' '이런 측면에서 보면 진보일 수 있다'는 서로 대립되는 주장들을 펼치고 있는 것이다. 그러므로 진화가 진보냐는 질문을 받으면 이렇게 대답하면 된다. 그것은 그렇게 간단하지 않다. 그것이 정답이다.

그럼에도 여전히 진화와 진보 문제는 껄끄럽게 받아들여진다. 그림은 18세기 프랑스에서 아프리카 여성을 관찰하는 그림이다. 이렇게 신기한 동물이 있구나 하고 관찰을 하고 있는 것

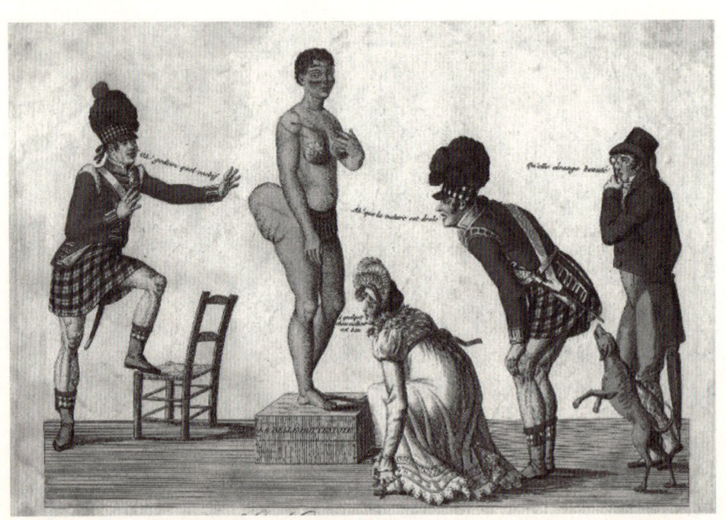

● 그림 15 18세기 아프리카 흑인에 대한 의식
당시 유럽 백인은 아프리카 흑인 여성을 동물로 간주했다.

이다. 그 당시 프랑스 귀족들은 아프리카 여성들을 데려와서 관찰해 보고 이것은 인간이 아니라고 생각했다. 이런 인종주의가 유럽의 18~19세기에 아주 팽배해 있었다. 18~19세기의 자료를 보면 흑인이든 백인이든 황인이든 실제로 그 인종과 가깝다고 여기는 하등동물과 배치해놓았다. 흑인은 어떤 동물과 똑같다는 식으로 배치해놓은 것이다. 지금은 흑인이나 백인이나 황인이나 똑같은 지위와 권리를 가진 인간이라고 믿지만 불과 200년 전만 해도 그렇게 믿는 사람이 거의 없었다. 특히 백인은 인종 간의 차이를 상당히 강조했다.

실제로 인종주의가 나왔고, 거기에서 나치가 나왔고, 그 다음에 예컨대 부랑자와 정신병자들을 강제로 불임시키는 정책도 나왔다. 이런 일들이 가능했던 이유는 '재네들은 우리 족속과 다르다. 우리의 물을 흐릴 뿐이다'라고 생각했기 때문이다. 이런 흐름을 보통 우생학(eugenics)이라고 부른다. 우생학은 기본적으로 좋은 형질들을 계속해서 발전시키고 나쁜 형질들을 제거하자는 주장이다. 따라서 정신병자들은 나쁜 형질을 가졌기 때문에 제거해야 하고, 백인은 우월하고 지능도 뛰어나기 때문에 백인끼리만 짝짓기를 하고 잘 살아야 한다는 식의 주장을 하는 것이다. 그림 16에서 별표가 쳐진 나라들은 부랑자나 정신병자들에 대해서 강제로 애를 못 가지도록 했던 나라들이다. 놀랍게도 별표가 유럽을 비롯한 거의 모든 선진국에 있다. 불과 100년 전까지만 해도 그랬다. 나치의 인종청소는 말할 것도 없고, 우리가 알고 있는 선진국들에서 이러한 일들이 벌어졌다는 것이다. 다

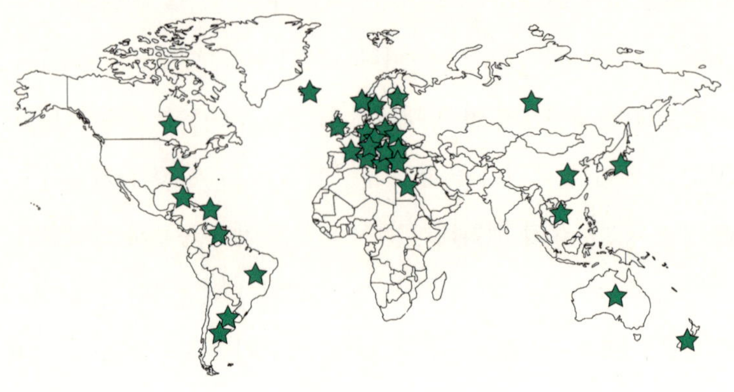

● 그림 16 19세기 우생학의 시행 국가
우생학은 소위 선진국에서부터 시작된 만행이다.

행스럽게도 현재 우리는 훨씬 나아진 사회에서 살고 있다.

왜 이런 말을 하느냐 하면 우생학이 바로 진화론 때문에 나왔다고 주장하는 사람들이 있기 때문이다. 실제로 우생학의 아버지라고 불리는 프랜시스 골턴이라고 하는 사람이 있다. 『유전적 천재』라는 책도 썼으며 다윈과는 사촌지간이다. 골턴은 통계학을 창시한 매우 뛰어난 학자였다. 그는 이 책에서 좋은 형질들을 가지고 있는 사람들끼리 결혼시켜서 우리 인류를 훨씬 더 좋은 방향으로 진보시켜야 한다는 주장을 펼쳤다. 지금 보면 매우 위험한 주장이다. 우생학과, 경쟁을 통해서 나쁜 형질들을 도태시키고 좋은 형질들을 끝까지 발전시켜서 사회를 진보하는 방향으로 끌고 가야 된다는 사회진화론자들의 사상이 융합되어서 20세기의 전반부에 그런 비참한 사건들이 발생했던 것이다.

따라서 역사적으로는 진화론과 우생학을 연결지을 수 있고 우생학을 정당화하는 근거로 진화론이 사용되기도 했다는 주장은 맞다. 물론 다윈은 그런 연결을 결코 원하지 않았다. 앞에서 생물학적인 논쟁에서 보았듯이 그 누구도 우생학적인 이야기를 하지 않는다. 논리적으로는 진화론이 우생학을 낳았다는 주장은 근거가 없다. 그렇지만 이 둘이 역사적으로는 연결되었다는 것은 사실이다.

그렇다면 우리는 유전자와 같은 것을 어떻게 봐야 하는가? 간단히 말할 수 있을 것 같다. 유전자는 세밀하고 정확하게 설계된 청사진이 아니다. 건축가들은 어떤 건물을 만들 때 청사진대로 만들게 된다. 그런데 그 일을 하는 것은 유전자만이 아니다. 어떤 행동을 하고 어떤 구조를 만들고 어떤 신체로 발달하는지를 결정하는 데 있어 유전자가 중요한 역할을 하지만 혼자서 그 모든 일을 하는 것은 아니다. 즉, 청사진대로 그대로 만드는 것이 아니다. 유전자는 마치 요리책과 같다. 김치찌개를 끓인다고 생각해보자. 요리책을 보면 김치찌개의 재료들이 쭉 나와 있지만, 내가 요리한 김치찌개와 다른 사람이 요리한 김치찌개는 다를 수밖에 없다. 왜냐하면 똑같은 요리법을 보고 만들지만 나는 양파를 조금 더 넣을 수도 있고, 어떤 사람은 고추장을 조금 더 넣을 수도 있기 때문이다. 즉, 어떤 환경과 상호작용하느냐에 따라서 결과물이 달라지는 것이다. 우리가 유전자를 바꾼다고 인간을 다 바꿀 수 있는 것은 아니다. 우생학이 틀린 이유가 바로 여기에 있다.

경쟁을 넘어서는 협동의 진화

진화가 진보인가? 마지막 장은 이 질문으로 시작했다. 그리고 여전히 그것은 의미 있는 질문이다. 예컨대, 수많은 광고를 보면 '휴대전화가 진화한다', '자동차의 진화의 끝은 어디냐?' 하는 식으로 진화를 진보인 것처럼 이야기한다. 사람들은 진화를 이야기할 때, 진화가 좋은 방향으로 간다는 뜻으로 받아들인다. 그런데 생물학적으로 보면 반드시 그렇지는 않다. 복잡성이 정말로 증가한 것인가? 이 문제도 그렇게 간단하지 않다. 복잡성을 어떻게 정의하느냐에 따라 다르고 어떤 환경이 계속 지속되는 경우에 다른 방향으로 가기도 한다. 하지만 6,500만 년 전에 소행성이 충돌해서 공룡이 멸종하고 인간의 세계가 되었듯이, 우발적인 사건들이 진화의 역사에서 아주 흔하게 일어난다. 그렇기 때문에 진화와 진보에 대해서 쉽게 이야기할 수 없는 것이다. 그럼에도 사람들이 진화와 진보를 계속 연결짓는 이유는 우생학과 같은 역사적 유산이 있기 때문이다. 지금은 19세기 말, 20세기 초반의 경쟁이 최고의 가치였던 시대와는 다르다고 하더라도 사실상 현대도 경쟁의 시대이다. 무한 경쟁이라는 말이 있지 않은가? 국가경쟁력, 개인의 경쟁력이 최고의 가치로 생각된다. 그리고 경쟁이라는 것이 최고의 가치로 받아들여지는 이유는 경쟁을 통해서 진보할 수 있다고 믿기 때문이다.

진화론은 꼭 그렇게 볼 필요는 없다는 것을 말해준다. 생명의 역사 속에서 단세포에서 다세포 생물이 되는 과정을 보면 처음에는 세포들끼리 경쟁을 하다가 어느 순간 연합을 해야 더 높은 수준의 기능을 담당할 수 있다는 것을 알 수 있다. 다세포가 된다는 말은 세포들이 협동을 해야 한다는 것을 의미한다. 무서운 병인 암은 사실 다세포 생물 속의 하나의 세포가 나만 혼자 복제본을 남기려고 하는 이기적인 시도이다. 암은 세포들이 모여서 다세포의 몸을 만들었지만 세포들 간의 경쟁 문제를 완벽하게 해결하지 못했다는 증거이기도 하다. 우리는 경쟁의 시대에 살고 진화가 키워드이기는 하지만 또 한편으로 협동을 통해서 생명체가 더 높은 수준으로 발전했다고 하는 측면도 잊지 말아야 할 것이다.

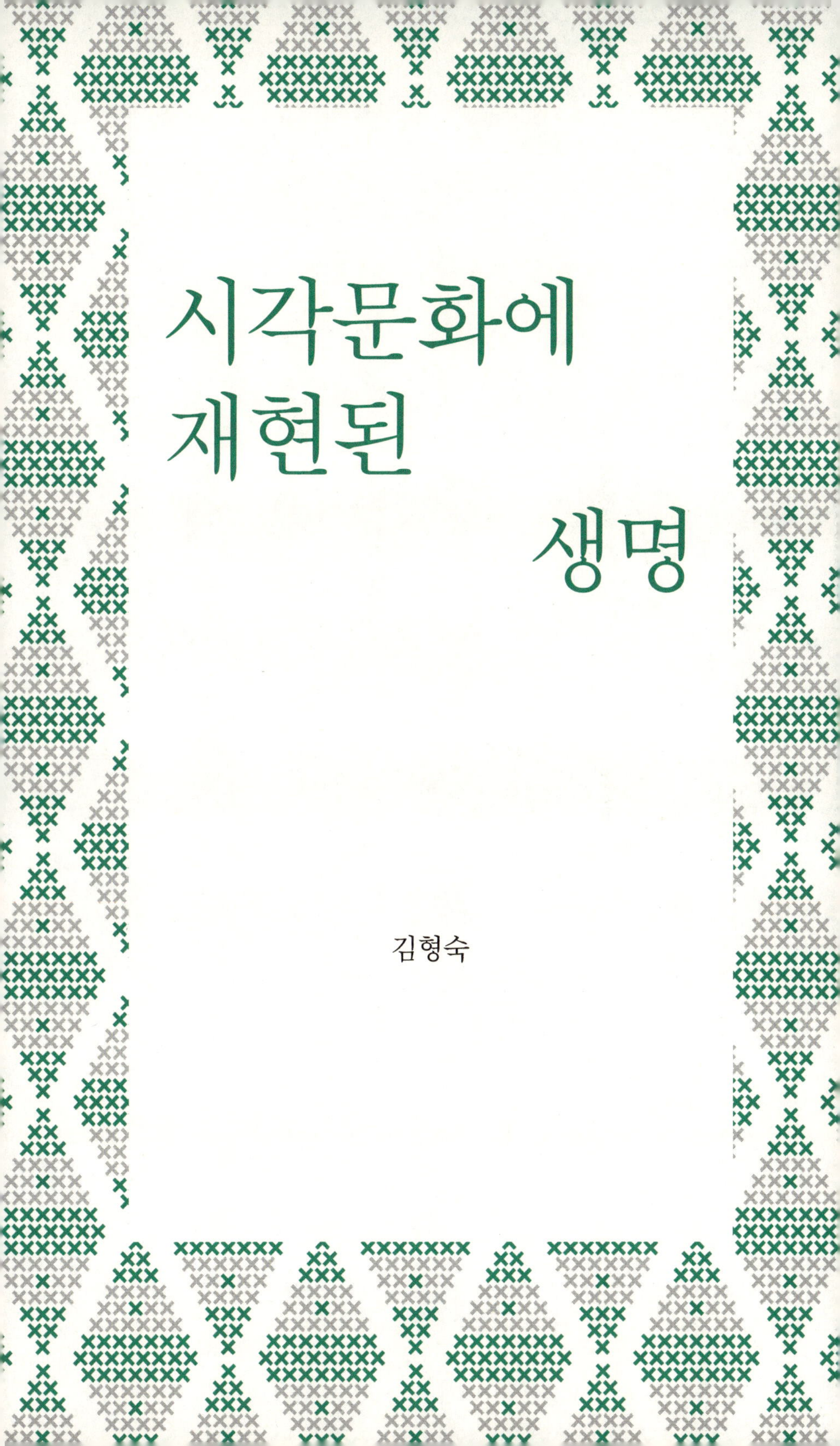

시각문화에 재현된 생명

김형숙

김형숙

서울대학교 미술대학 서양화과를 졸업하고, 같은 대학 대학원에서 미술이론으로 석사 학위를 받았고, 미국 오하이오주립대학교에서 미술사학과 미술교육학으로 석사와 박사 학위를 받았다. 2007 세계미술교육대회 아시아 대회(InSEA Asian Regional Congress) 조직위원장을 역임하였고, 2008~2010년에 세계미술교육대회(InSEA World) 위원으로 활동하였다. 2012년부터 한국국제미술교육학회 회장직을 수행하고 있으며, 2002년부터 서울대학교 미술대학 교수로 재직하고 있다. 저서로는 『미술교육, 사회와 만나다』『미술관과 소통』 등이 있고, 논문으로는 「융합인재교육(STEAM)에서 미술교육의 관계와 중요성 고찰」 "Education through Art after World War II" 등이 있다.

생명이라는 주제가 시각문화에서 어떻게 재현되는지에 관해서는 생명에 관해 다룬 작가들의 작품세계를 감상하고 분석하여 그 의미를 해석하는 길이 있다. 그러나 이 길을 찾는 것은 마치 안개 속에서 희미한 불빛을 따라가는 과정과 같고, 그러한 흔적들이 명멸하는 자취들을 재구성하는 과정이라 볼 수 있다. 어둠 속의 희미한 불빛을 찾아가는 탐구적 과정을 도와줄 수 있는 것이 미술관에 가서 미술작품을 직접 감상하는 것이다. 미술관에 전시된 작품을 통해 생명의 과정으로서 탄생과 죽음, 그리고 부활 등에 관한 시각적 재현 양상들을 살펴보는 것은, 단지 시각 영역에만 국한되는 것이 아니라 예술적 직관력, 인문학적 상상력, 과학적 창의력 등이 모두 요구되는 과정이라 볼 수 있다.

생명은 그 상태를 유지하기 위해서는 끊임없이 죽어가는 과정과 연계되는데, 이는 생명을 논의할 때 반드시 죽음에 대한 언급이 필요하다는 것을 의미한다. 생(生)과 사(死)는 표리일체(表裏一體)라는 뜻이기도 하다. 따라서 이 글은 시작예술을 통해서 생명에 관한 주제가 재현된 양상들을 학습자가 감상, 분석, 해석, 비평하는 과정을 개개인의 맥락에 따라 그 의미를 재구성하도록 하였다. 이러한 과정을 통해서 학습자는 자신을 둘러싼 시각문화와 예술작품 속에서 생명에 관한 이미지들을 비판적으로 분석할 수 있게 된다.

미술관과 생명: 박제화된 공간에서 생명의 공간으로 탄생하다

미술관에서 작품을 관람하는 것은 전시라는 형태로 관람자와 대화하는 과정이라 볼 수 있는데, 이는 마치 미술관의 작품과 관람자가 서로 소통하는 살아 있는 과정이라 할 수 있겠다. 프랑스 대혁명 이전에는 미술관에서 작품들이 일반인에게 공개되지 않았다.(그림 1) 미술관에 수집되어 소장된 작품들은 그 작품들을 소장한 몇몇의 사람들만이 볼 수 있고 즐길 수 있고, 예술작품에 대해 서로 대화할 수 있었다. 한 예로, 르네상스 시대 미술관들은 갤러리(gallery)와 캐비넷(cabinet of curiosities)으로 명명되어, 대체로 수집가의 취향이 반영된 미술작품뿐만 아니라, 그들이 비서구 지역을 약탈하면서 얻어온 여러 가지 전리품을 모아두고 소장하였던 곳이다. 그래서 미술작품들만이 모인 곳은 갤러리라 부르고, 여러 가지 호기심 나고 진귀한 사물을 모아놓은 곳을 캐비넷이라 일컫는다. 물론 이러한 공간들은 작품과 사물을 가져온 수집가들이 서로 모여 담소를 나누는 공간 바로 옆에 마련되어 있어서, 가문의 영광과 위용을 방문한 손님들에게 드러낼 수 있는 역할을 하였다. 왜냐하면 이들은 신흥 상업 계

● 그림 1 프랑스 루브르 미술관

층으로서 기존 사회 질서 속에서 새롭게 떠오르는 자신들의 신분을 과시하고 싶었고 문화를 향유하는 고상한 계급임을 정당화하고 싶어 했다. 예술과 문화는 그러한 역할을 하기에 충분했다. 따라서 르네상스 시대 갤러리와 캐비넷에는 일반인이 개방적으로 관람하도록 허락되지 않았고, 자신들과 교류하는 사회의 상류 계층만이 미술관의 컬렉션을 볼 수 있었다. 다시 말하면, 르네상스 시대의 미술관은 개인 소유의 사적 공간이었다. 컬렉션들을 수집한 특권 계층들만의 사교 장소였다. 이러한 측면에서 르네상스의 미술관은 죽어 있는 공간, 작품과 진귀한 사물들을 모아놓은 박제화된 공간, 또는 공동묘지라 볼 수 있다. 컬렉션을 관람자가 자유롭게 관람하여 컬렉션의 의미가 보다 더 다양하게 생산되는 곳이 아니라, 컬렉션의 소장과 보관에 더 치중한 죽어 있는 박제화된 공간이었다.

죽어 있던 공간인 미술관에 생명이 불러일으켜진 것은 프랑스 대혁명 이후다. 1789년 프랑스 대혁명은 미술관이 특권 계층만 컬렉션을 감상하는 고상하고도 고립적 영역의 경계를 무너뜨렸다. 미술관이 소장한 컬렉션은 특정 개인이 소장하는 범위에서 벗어나, 많은 대중이 볼 수 있는 공공성이 강조되기에 이르렀다. 이러한 변화의 물결 속에서 미술관에서 전시들은 다양화되었고, 오늘날의 미술관들은 미술관의 작품들을 감상하는 관람자들을 연구하고 이를 위한 세부적인 정책과 노력을 아끼지 않고 있다. 미술관이 생명성을 갖기 위해서는 컬렉션을 박제화시키는 죽어 있는 공간에서 벗어나 어떠한 계층이나 사람들이라도 모두 방문하여 작품을 감상할 수 있도록 하는 민주적 공간이어야만 그 생명성을 드러낼 수 있다. 미술관의 생명은 바로 그 민주성에 있는 것이다.

미술관의 작품들이 소장자들만이 아니라, 다양한 사람들이 관람하고 그 가치를 감상할 수 있는 민주적 장이 마련될 때 미술관이 그 생명성을 드러낼 수 있다. 그렇지 않다면 미술관에 소장된 작품들도 창고에 보관된 하나의 물질에 불과한 것이다. 이러한 관점에서 이 글에서는 미술관이라는 공간에서 전시되고 있는 작품들을 생명이라는 주제와 함께 연결시켜 감상하고 논의해보기로 한다.

첫째, '사상과 생명'이라는 장에서는 동양의 불교나 노장사상, 그리고 서양의 기독교 전통과 근원적으로 연관된 작품들을 다룬다. 고대에서부터 현대 미술가에 이르기까지 이들의 작품 속에 녹아 있는 사상적 전통을 찾아봄으로 해서, 시각문화가 당대의 종교적·철학적 측면과 밀접하게 관련되어 있음을 살펴본다.

둘째, 생명에 관해 논의하기 위해서 죽음을 이해하는 사고방식을 알아본다. 무덤은 죽은 이를 위한 다양한 시각적 자료와 이미지들이 있는 곳으로, 인간이 특정한 시대와 장소 속에서 생명에 관해 어떤 생각을 했는지를 연구할 수 있는 곳이다. 고대 이집트인들의 무덤은 영원히 머무르는 곳으로, 상징적인 이미지들이 가득하다. 피라미드 안의 조각상들은 죽음이 생명의 끝이 아니라는 믿음을 반영한다. 또한 절대자와 인간과의 관계를 통해 생명을 재현한 작품들을 찾아보고 그 예술적 가치와 특성을 논의한다.

마지막으로, 시각문화와 사회적 관계성에 관해 고찰한다. 개인적인 차원이나 작가의 자화상을 보여주는 생명에 대한 해석에서 벗어나, 역사적 사건들을 비판적으로 표현하거나, 삶 속에서 볼 수 있는 일상적 소재들을 개인적 서사의 층위에서 벗어나 역사와 사회를 해석하고 비판한 작품들에 관해 다룬다. 생명에 관해 사회와 역사를 비판적 차원에서 다룬 작품들을 통해 일상의 삶에서 시각 이미지가 가지고 있는 사회적 측면에 대해 생각해보도록 한다.

사상과 생명:
종교적 차원에서 생명의 의미를 캐다

너와 나의 관계성을 통한 생명의 본질 추구

한국의 전통 미술과 문화에서는 자연과 더불어 생활하는 공동체적 삶과 생명존중 사상이 짙게 깔려 있다. 자연은 고정 불변의 정지된 상태가 아니라, 생명을 가지고 있는 살아있는 생명체이다. 자연의 생명체를 사유하고 탐구하고 관조하면서 직관을 통해 표현하는 미술작품은 자연에 숨 쉬고 있는 생명체의 '살아 있음'을 생동감 있게 드러내고 있다.

특히 불교에서는 연기적 차원에서 모든 것이 상호의존적으로 존재한다는 연기론(緣起論), 제행무상(諸行無常), 제법무아(諸法無我)를 바탕으로 하여 '생명'을 논한다. 씨앗이 발아하려면 날씨나 환경이라는 조건들이 갖추어져야 하는 것처럼, 발아라는 현상은 시공간을 초월하여 '지금' '여기'라는 현존의 지점에서 생기는 것이다. 생명의 과정은 이러한 것이다. 이 세상에 존재하는 것은 고정불변의 것이 없으며, 모든 것은 머무르는 것이 아니라 끝없이 순환하고 변화한다. 모든 존재의 상호의존성은 끊임없이 변화하는 사물의 관계성에 의한 것이다. 세상의 모든 존재가 상호의존적으로 영향을 주고받으며 계속 변화하는 관계성은 연기법에 근거하는 것으로, 이것이 있으므로 저것이 있고, 이것이 없으면 저것이 없고, 이것이 멸하면 저것이 멸함을 뜻한다. 따라서 불교는 자연의 생명체와 함께 호흡하고 더불어 사는 것을 통하여 뭇 생명들에 대한 배려와 나눔에 대한 세계관을 중요시한다. 또한 감각기관에 의해 인식하는 우리의 표면적 인식체계를 넘어서서 세계의 연기적 관계와 실상에 대한 깨달음을 통해 사물의 본래 모습을 성찰하고 살아갈 것을 강조한다. 모든 존재가 상호 관계적으로 연결되어 있다는 이러한 시각은 상호 관계성에 대한 재인식이라 할 수 있다.

불교에서 강조하고 있는 모든 존재의 상호 관계성과 연기법에 기초를 둔 가르침은 불상이라는 미술품에서 시각적으로 재현된다. 불상의 백미로 꼽히는 반가사유상으로는 광륭사에 있는 〈미륵보살반가사유상〉을 들 수 있다. 이 불상은 우리 인간이 지닌 마음의 영원한 이상과 평화, 그리고 진리에 대한 동경을 표징하고 있다. 이 지상에 있는 모든 시간적인 것, 속박을 초월해서 도달할 수 있는 인간 존재의 가장 청정한, 가장 원만한, 가장 영원한 모습을 상징하는 생명성을 드러내는 불상이라는 것이다.(그림 2)

반가사유상은 거의가 미륵보살상이며 삼국시대에서부터 통일신라시대에는 미륵신앙이 성행하였다.[1] 한국의 초기 불교 수용에서부터 전래된 미륵신앙은 미륵을 믿는 신앙으로 이상적인 복지사회를 제시하는 미래불을 믿는다. 미륵신앙은 도솔천상생신앙과 미륵하생신앙으로 크게 두 가지 흐름으로 나누어볼 수 있다. 이 두 흐름은 이상세계를 제시하는 미륵의 대승설법이 이루어지고 복지사회에의 염원에서 나온 불교적 이상사회관을 근본적으로 반영한다. 미륵신앙은 신라와 백제에서 국가 통치

이념으로 여겨졌다. 백제의 무왕은 익산 미륵사의 창건으로 왕권을 강화하였으며, 신라 진흥왕은 왕자의 이름을 금륜과 동륜으로 지어 전륜성왕의 이상적인 치세를 흠모하는 정치를 펼치고 신라의 화랑 또한 미륵의 화현인 국선을 따르는 청년집단으로 결성되어, 고대 이상세계를 건설하는 주체로 형성되었다. 또한 미륵경전에서 강조된 10가지 선한 행위는 참회를 통해 지난 죄업을 소멸하는 수행을 낳게 되며, 『삼국유사』에 나오는 설화를 통해 대중 구제적인 방편과 함께 자신을 연마하는 미륵신앙의 정점을 보여준다. 후삼국시대 궁예의 경우는 말세적인 민심을 이용하여 자신이 미륵이라 하여 일시적인 대중의 호응을 얻기도 하는데 이 또한 미륵하생의 원용이다.[2]

이렇듯 미륵신앙은 우리나라에서 이상적인 사회를 건립하는 데 중요한 신앙적·사상적 흐름을 제공하였는데, 미륵보살상은 삼국시대나 통일신라시대에 많이 제작되었다. 특히 반가사유상(半跏思惟像)이 많이 나타나는 현상을 보이는데, 반가사유상에서 반가란 오른쪽 발을 왼쪽 무릎 위에 얹고 앉은 자세를 말하고 사유상이란 오른쪽 손가락을 살짝 뺨에다 대고 생각하는 모습을 나타낸다. 반가사유상의 기원은 부처가 인생에 무상함을 느끼고 출가하여 중생구제를 위해 고뇌하는 태자사유상에서 연유한다고 한다.[3] 미륵보살은 먼 미래에 이 세상에 출현하며 석가모니에 의해서 구제받지 못한 중생을 모두 구제할 미래불로 도솔천에서 수행을 계속하면서 장차 하생하여 지상의 중생을 어떻게 하면 모두 구제할 수 있을까 그 방도를 생각하고 있

● 그림 2 〈미륵보살반가사유상〉, 일본 국보1호 (왼쪽)
● 그림 3 〈미륵반가사유상〉(삼국시대 7세기 전반), 높이 90.9cm, 1122kg, 국보83호 (오른쪽)

는 모습으로 반가상으로 표현되었다.

〈미륵반가사유상〉 국보 83호와 78호는 그 조형적 아름다움에 의해 미륵반가사유상의 백미를 이룬다. 특히 국보83호는 조형적 아름다움과 절제미를 나타낸다.(그림 3) 7세기 반가사유상에는 미소년의 몸매에 청순한 이미지를 지니고 있으며, 따듯한 모습으로 대중에게 다가간 불상과 미래에 중생을 어떻게 구원할 것인지 골몰하는 반가사유상이 유행하였다. 오른쪽 다리를 왼쪽 무릎 위에 얹고 오른쪽 손가락을 턱에 댄 반가사유상에는 분명 인간의 차원을 넘어선 숭고한 세계의 그 무엇을 경험하게 한다. 웃통을 벗은 반라의 차림과 함께, 머리에 둥근 산 모양의 삼산관을 쓰고 있고, 장식이 없는 둥근 목걸이를 걸쳤으며, 옷자락을 입체적으로 표현하여 조용히 사유에 잠긴 모습을 사실적으로 나타낸다. 반가사유상의 자세와 옷자락의 표현은 유기적으로 연결되어 자연스러움을 드러내고 있으며, 사유의 순수성을 강조하고 있다.

국보78호 금동미륵보살 반가사유상은 국립중앙박물관에 소장되어 있으며, 깨달음이 얼굴에 번진 법열을 통해 신라인의 자신에 찬 미소를 발견하게 한다. 금동미륵보살 반가사유상의 미소에서 발원한 생명력은 어깨 부근에서 위로 뻗은 천의 자락과 장식적 보관으로 뻗어나가고 있다. 옷주름에는 규칙적이고 평면적인 음각 선으로 표현을 억제하여 미륵상의 정신적 깊이를 돋보이게 한다. 상현좌의 표현은 억제되어 있으며, 깨달음의 순간을 생동감 있게 표현하고 있다.

그러나 불상조각에서 충만한 생명력을 전달하는 것은 석굴암의 〈본존불상〉이다.(그림 4) 석굴암 석굴에 안치되어 있는 본존불은 그 조각이 함유하고 있는 종교적 생명력과 예술성에 있어서 그 문화적 가치가 탁월하다. 반쯤 열린 눈, 온화한 눈썹, 미간에 서려 있는 슬기로움, 설법으로 중생의 감화를 이끌 듯한 자애로운 입과 코, 길게 늘어진 귀, 굽타식의 나발(螺髮) · 백호(白毫) 등 하나하나의 부분이 생명력을 가졌다. 또한 깨달음의 모습으로 표현된 얼굴은 인자하고 부드러우면서도 위엄을 간직하고 있다. 본존불은 오른쪽 어깨를 드러내고 있으며 왼손을 단전 아래 두어 선정인(禪定印)을 하고 있고 오른손은 성불을 나타내는 항마촉지인(降魔觸地印)을 하고 있다.(그림 5) 결가부좌의 자세는 두 무릎 끝과 정수리의 육계가 삼각형을 이루면서 양손 또한 신

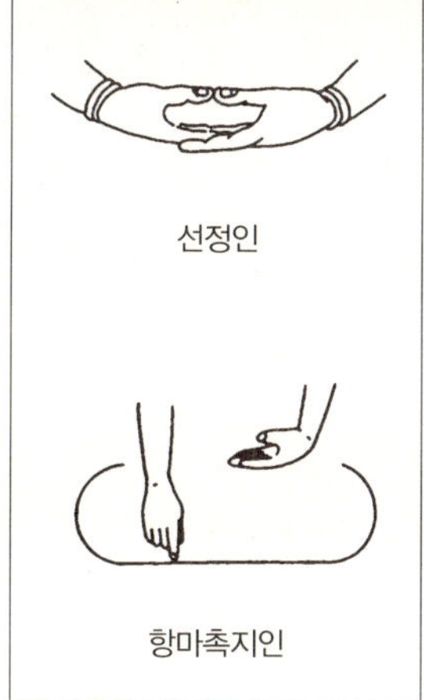

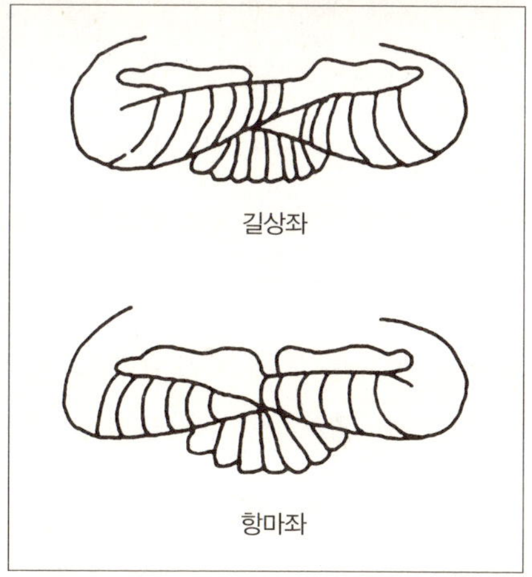

4
5 6

● 그림 4 석굴암, 〈본존불상〉, 8세기 중엽 통일신라 경덕왕 때 착공
● 그림 5 선정인과 항마촉지인
● 그림 6 결가부좌

체에 밀착되어 안정적인 포즈를 취하고 있는데, 이는 마치 인간의 지혜와 능력이 극치에 달한 순간의 모습을 보여주고 있는 듯하다.(그림 6)[4] 또한 풍만한 젖가슴과 얇은 법의와 옷주름은 신체의 굴곡을 드러내면서 사실적 표현을 하고 있으며 부처의 내면적 숭고함과 신비로움을 더해주고 있다. 이러한 표현방법은 부처의 자비를 또 다른 생명감으로 충만하게 하는 것이다. 육감적이면서도 균제되고 절제된 모습을 보이는 본존불은 비례가 전체적으로 완벽하고 견고하여 차디찬 화강암 조각의 백미를 보여준다.[5]

생명에 관한 불교의 사상을 표상하는 불상조각은 과거에만 존재한 것은 아니다. 불상은 현대 작가들에 의해 자주 차용되는 흥미로운 주제이다. 김아타는 〈뮤지엄 프로젝트#040(니르바나 시리즈)〉를 1990년대 중반부터 작업해오면서, 기존의 뮤지엄(museum)* 개념을 해체하고 작가 고유의 시각으로 사적인 뮤지엄을 구축해가는 '뮤지엄 프로젝트' 연작을 제작하였다.(그림 7) 그는 1980년대 중반부터 신체장애자, 정신질환자, 인간문화재와 같은 사람들을 찾아다니면서 흑백의 인물사진을 주로 발표해왔다. 또한 〈뮤지엄 프로젝트〉 연작을 제작하는 과정에서 자연이나 도시 혹은 연출된 공간을 배경으로 남녀노소를 포함하여, 여장 남자, 창녀, 상이군인, 스님 등 다양한 인간의 모습을 누드와 삭발의 상태로 만들어 작가 자신이 고안한 투명 아크릴 상자에

* 뮤지엄(museum)이란 여기서 미술관과 박물관 모두를 뜻한다.

● 그림 7 김아타, 〈뮤지엄 프로젝트#040〉

가두어 넣어 작업하였다. 김아타는 〈뮤지엄 프로젝트#040〉에서 조용한 사찰 내부를 배경으로 알몸의 세 여성이 삭발한 채 불상처럼 가부좌를 하고 아크릴 상자 안에 앉아 있는 인물을 촬영하였다. 이 작품에서 나타나는 박물관이나 미술관의 진열장 같은 투명 아크릴 상자와 그 안에 가두어 넣은 듯한 인간들의 모습은 주변의 관람객과 거리를 유지하면서, 사회적 고정관념이나 종교적 관점에서 벗어나 누드 상태의 인간의 모습을 통해 참다운 자신의 존재를 발견하도록 한다.

한편, 불상과 테크놀로지를 결합한 백남준의 〈TV 부처〉는 동양의 불교사상과 서양의 과학기술과의 만남을 통해 동·서양

● 그림 8 백남준, 〈TV 부처〉(1968)

의 소통을 시도하고 있다.(그림 8) 1968년 뉴욕의 보니노 화랑에서 가진 전시회에서 부처를 TV 앞에 마주 앉게 하고 TV 뒤에 설치된 카메라가 부처를 비추도록 하고 있다. 동양철학의 상징인 부처는 문명과 과학기술, 대중문화와 정보의 상징인 TV에 나타난 자신의 모습을 물끄러미 바라보고 있다. 불상조각과 텔레비전 모니터, 폐쇄회로 카메라를 병치하여 만든 이 작품은 동양과 서양, 과학기술과 명상이 접목된 작품이다. 〈TV 부처〉는 한국적 풍경과 동양의 사상을 상징화한 작품으로 서양을 상징하는 과학적 테크놀로지의 이성과 동양의 감성을 결합시킨 작품으로, 지역성과 인종, 인간과 기술, 환경, 정보에 관한 다양한 질문을 내포하고 있는 작품이다. 백남준은 그 자신을 불상을 사용하여 동일화하였다. 모니터 앞에 앉아 명상하는 부처는 백남준 자신으로 불교의 혹은 예술의 역사성과 생명성을 추구하고 성찰하며, 선 사상과 과학기술의 만남을 통하여 동양과 서양의 소통을 이루고 있다.

백남준의 창작 활동에 영향을 미친 작가로는 존 케이지(John Cage, 1912~1992)를 들 수 있다. 불교에 영향을 받아 작업한 케이지는 일본 태생의 선승 스즈키 다이세쓰(鈴木大拙)와의 만남을 통해 일본 선사상을 음악으로 담아내는 시도를 하였다. 피아노를 위해 작곡한 〈4분 33초〉는 1954년에 발표된 것으로 연주 시간 내내 피아노는 연주되지 않지만 관객의 침묵이나 잡담, 박수소리 등 다양한 소리가 작품의 구성요소가 되었다. 케이지는 소리만이 음악이 될 수 있는 것이 아니라 소음이나 침묵까지도 음악의 재료가 될 수 있으며 이때 관객은 음악의 소리와 음악의 소리가 아닌 것들에 대한 스스로 의문을 제기하면서 체험하고 참여하게 된다. 이것은 불교의 '공 사상'과 관계가 깊다. 공 사상은 대승 불교에서 분별심에 대한 경종의 의미로 채택된 것으로, 세상만물은 자성(自性)을 갖지 않는다는 것인데, 사물뿐만 아니라 인간의 자아 같은 것도 실은 그 본질이 없다는 것, 자성이란 존재하지 않는다는 것이다.[6]

한편 김수자는 비디오 아트와 설치미술을 통하여 한국의 작가로서 국제무대에서 평가받고 있으며 불교의 선, 노장 사상 등을 통해 인간 존재와 세계에 대한 사유체계가 동양적 생명 사상에 깊게 뿌리내리고 있다. 그녀는 동양적 사상에 관해서 자신의 생의 경험 속에서 얻은 것을 바탕으로 하여 〈보따리 시리즈〉 작품을 지속적으로 해왔다. 〈보따리 시리즈〉는 그녀의 생명관이 나타나는 것으로 한국인의 사고에 젖어 있는 탄생과 죽음의 의미를 재현하고 있다.(그림 9, 10, 11) 보따리를 싸면 어딘가로 떠나는 것을 상징하고 보따리를 풀면 어딘가에 정주하는 것을 의미한다. 떠남과 머무름에 대한 디아스포라(diaspora)의 복합적 상징체가 한국인의 보따리다. 인간의 희로애락의 다양한 상태를 드러내는 김수자의 보따리는 전 세계를 부유하는 현대 인간의 삶의 모습을 그려내고 있다.

김수자는 〈보따리 시리즈〉를 평면에서부터 설치미술*까지 다양하게 실험하였다. 그녀는 어머니가 바늘로 이불을 꿰는 과정에서 영감을 얻어 이불보를 작품의 주요한 모티브로 사용했는데, 이불보는 사랑, 탄생, 생산, 죽음 등을 상징하는 동양적 정서를 드러낸다. 이불보를 만드는 과정에서 바늘은 중요한 역할을 한다. 바늘은 천과 천 사이를 서로 연결시켜주는 도구로 각각의 분리된 천 조각들을 연결하는 역할을 한다. 이는 인간과 인간 사이의 분열을 치유하는 과정이자 관계를 성찰하고 개선하는 과정이다. 나와 너 사이의 관계에 대한 성찰을 통해, 인드라망처럼 연결되어 있는 나와 너의 관계성, 각 개체의 독립성과 의존성에 대한 김수자의 성찰은 불교의 연기론으로도 해석될 수 있다.

〈A Laundry Woman_Yamuna River〉에서 김수자는 비디

* 설치미술은 다양한 이질적인 재료를 통하여 실물과 이미지의 경계를 흐리고 전시공간의 상황을 적극적으로 사용한다. 대상물, 관람객, 전시공간이라는 세 요소의 상호작용이 중요하다.

● 그림 9 김수자, 〈Bottari Truck: Migrateurs, "Je Reviendrai"〉
Commissioned by Musée d'art contemporain du Val-de-Marne, France Performance in Paris, November 10, 2007 and Installation at MAC/VAL, Paris, 2008 view project details Photo by Thierry Depagne

● 그림 10 김수자, 〈보따리 시리즈〉(1998), 설치

● 그림 11 김수자, 〈보따리 시리즈〉(2004), 설치

● 그림 12 김수자, 〈A Laundry Woman_Yamuna River〉, 2000, video loop, Silent/ Needle Woman

● 그림 13 김수자, 〈바늘 여인 Needle Woman〉(1999~2000), 도쿄, 상하이, 뉴욕, 델리 퍼포먼스 비디오 스틸 4채널 비디오프로젝션

오 화면 중앙에서 뒷모습을 보이고 있다.(그림 12) 작가 자신의 뒷모습의 상태를 보이고 있는 그녀는 움직이지 않고 있기 때문에 마치 콜라주(collage)로 그 모습을 표현한 듯하나, 실재로 움직이지 않고 있는 뒷모습을 촬영한 것이다. 화면 중앙에서 움직이지 않고 있는 작가에 반해, 그녀를 둘러싼 주변 환경인 강가의 생물체, 대기는 자연스럽고도 미세하게 움직이고 있다. 비디오를 보고 있던 관람객들은 과연 뒷모습의 여인이 그저 인쇄해 놓은 것이 아닌가 할 정도로 고정되어 있다. 〈바늘 여인 Needle Woman〉은 도쿄, 상하이, 델리, 뉴욕, 카이로, 라고스, 런던 등에서 꾸준히 작업한 그의 가장 대표적 비디오 작업으로 바늘의 의미를 잘 드러낸다.(그림 13) 어깨를 부딪치며 지나가는 수만의 인파 가운데 작가 자신은 등을 돌리고 가만히 서 있다. 바삐 지나가는 사람들의 움직임 때문에 작가 자신의 몸은 인파 사이를 비집고 지나가는 바늘처럼 관람자에게 보인다. 여기서 작가는 자신의 몸을 바늘이라 생각하고 이 세상 사람들 사이를 엮는 역할을 한다는 철학적 물음과 함께 행위로 작업해왔다.

김수자의 〈보따리 시리즈〉나 〈바늘 여인〉, 그리고 〈A Laundry Woman_Yamuna River〉 작품은 인드라망처럼 서로 연결되어 있는 나와 너의 관계에 대한 성찰을 보여준다. 관람자가 내 몸을 입고 그 자리에 서게 되는 것 역시 사라지는 바늘의 속성과 유사하고, 관객이 내 몸이 빠져나간 빈 자리에 자신의 몸을 대치해 내 몸을 뚫고 내가 보는 세상을 보게 된다. 내 몸이 관객들의 자기성찰을 위한 미디엄이 되는 것이다. 이는 불교에서 말하는 연기론이나 인연법과도 상관성이 있고 생명에 관한 성찰과도 연결된다. '생명'은 고정되고 머물러 있는 것이 아니라, 변화하는 현존으로 설명된다. 생명은 언제나 새로운 모습으로 실재의 의미를 가지고 있기 때문에 동일하거나, 반복이 없으며 고정불변하지 않는다.

근대 과학의 한계를 넘어선 생명을 찾아서

볼프강 라이프(Wolfgan Laib)는 독일에서 출생하였으나, 어린 시절부터 인도와 근동, 극동 지역을 자주 여행하고 그곳에서 오랫동안 체류하게 되면서 동양적 사유방식을 익히고 서양과는 다른 삶을 체험하였다. 다양한 지역의 여행과 체류를 통해서 라이프는 힌두교, 자이나교, 불교, 도교, 수피즘 등의 종교와 철학, 12세기 페르시아의 시인이자 신비주의자인 잘랄루딘 루미(Jalāl ad-Din ar Rūmi) 등의 삶과 사상에 영향을 받았다. 라이프의 예술세계는 자신이 체험하고 접한 비서구적 세계에 대한 동경에서부터 출발하였다. 근대 서구문화가 가지고 있는 기계론적 세계관에 대한 회의와 함께 비서구문화에 대한 관심은 그가 의학 공부를 마치고 의사가 되는 길을 포기하고 미술가가 되도록 하였다. 물질적이고, 논리적이며, 기계론적 사고에 기초한 서구 자연과학의 한계를 인식하고, 이를 넘어설 수 있는 것은 예술이라 생각하여 의사의 길에서 예술가의 길로 전환이 이루어졌다.

라이프가 예술세계에 도달하는 과정에서 엿볼 수 있듯이,

그가 예술을 통해 추구하고자 한 것은 자연과학 너머의 세계였다. 그것은 비서구적 세계에 대한 가능성에서부터 시작되는 것이었고, 물질과 기계적 사고를 넘어선 영적 초월의 세계이다. 특히 동양의 세계관과 자연관에서 라이프는 그러한 가능성을 발견하였다. 인간은 자연의 질서에 따라 조화롭게 삶을 영위하고 우주의 모든 현상은 통일된 전체의 불가결한 부분들로 상호 연결되는 세계관 속에서 라이프는 예술의 정신적 가치를 발견한 것이다. 라이프의 창작 작업의 주된 재료와 형식은 이와 같이 서구적 사상을 넘어선 정신적·사상적 배경에서 출발한다. 특히 그가 작품을 제작할 때 사용하는 재료인 꽃가루, 우유, 돌, 밀랍은 자연의 순환과 깊은 관련이 있으며, 이것들은 자연에 내재한 비가시적 생명과 에너지를 상징한다.

라이프의 작품들은 과학적 관심이 반영된 듯한 사각형, 삼각형, 직육면체, 원뿔 등의 기본적 구조와 단순한 기하학적 도형들을 수년 동안 자신의 작품세계에서 사용하였다. 기하학적 도형들과 이미지들이 평면 위나 퍼포먼스(performance) 과정에서, 그리고 전시공간에서 자주 등장하게 된다. 그는 사물의 형태를 '단순'하게 하여, '절제'와 '순수'의 이상을 실현하고자 했기 때문이다. 라이프가 사용하는 기본적인 구조는 시각적으로 미니멀리즘(Minimalism)*의 한 계보로 드러날 수 있으나, 이러한 관

* 미니멀리즘(Minimalism)은 1960년대 후반 모더니즘 미술이 회화의 순수성, 매체의 물질성 등을 추구하던 그 극단의 한계점이 종말을 고하고 회화와 조각의 경계가 무너지고, 관람자의 전시공간에서의 경험이 주요하게 된 미술적 경

점은 라이프의 작품세계를 서양 미술사조로 단순화시키는 것이다. 그러나 주제와 재료에 대한 라이프의 직관적·사색적 접근은 서구의 미니멀리즘 개념과는 분명 차별된다. 그의 삶과 예술의 목표는 기하학이라는 조형적 원리를 통해 작품의 형식(form)에 관한 문제에 천착한 것이 아니라, 이런 조형적 원리를 통해 자연에 기초한 보편적 원리를 추구하고자 하였으며, 그간 서구적 관점에서 간과되어왔던 단순함과 간결함의 가치, 텅 빈 공간의 무한함, 초시간성과 초월성 등에 관한 관심을 불러일으킨다. 라이프의 이러한 작업 과정은 인간과 세계를 둘러싼 우주의 의미에 대한 명상에서 유래하며, 본질적으로는 생명(生命)과 죽음[死]에 대한 의미를 캐는 작업과도 연결된다.

1975년 제작된 〈우유 돌〉은 극도로 정제되고 절제된 형식과 의미를 전달한다.(그림 14) 라이프는 대리석 위에 우유를 매일 붓고 비우는 행위를 반복하여 신(神)과의 소통을 기원하는 일종의 제식 행위를 시도한다. 살짝 오목하게 들어간 사각의 흰 대리석 위에 흰 우유가 천천히 부어지고 대리석의 모서리와 우유가 만나는 바로 그 접점에서 이질적인 물질들이 만나게 된다. 우유의 따뜻함과 대리석의 차가움, 우유 액체의 유동과 대리석 돌의 정지, 비어 있던 대리석이 우유를 통해 채워지는 비어 있음과 채

향이다. 장르의 해체, 미술적 요소를 벗어난 다양한 요소들이 미술의 요소로 간주되는 계기가 마련되었다. 마이클 프리드(Michael Fried)는 미니멀리즘의 출현에 대해 미술의 순수성이 훼손되는 신호로 경계하였으며, 이러한 측면에 관해서는 그의 1967년도 글 「미술과 대상성(Art and Objecthood)」에 잘 나타나 있다.

워짐의 대립적 가치들이 결합되고, 각각의 물질은 모든 상이함을 아우르는 하나의 통일체 속으로 편입된다. 일체의 대립적인 것들이 상호작용 속에서 관계를 맺는 것은 동양적 세계관의 본질이다. 찰나와 영겁, 육체와 정신, 쾌락과 고통, 생과 사는 서로 다른 범주에 속하는 절대적이고 독립적인 개념이 아니다. 단지 동일한 실재의 양면이다. 이 개념들은 서로 연결되어 있으며, 고정되어 있지 않고 주위와의 에너지를 교환하는 상호작용과 환경에 반응하며 자기 조직화를 통해 진화한다. 모든 생명체는 물질적 형태를 가지고 있고 개체고유성을 지니며, 주위와 열려 있으며 의존되어 있다. 따라서 생명 현상은 전체이면서 부분이고 부분이면서 전체인 상태를 주위와의 끊임없는 변화 속에서 유지하는 창발적 현상이라 할 수 있다.[7]

〈꽃가루〉는 1977년 처음 제작된 이래 미술계에 커다란 반향을 불러일으킨 작업으로, 생명의 성장과 변화의 순환과 반복이라는 본질적 속성을 그대로 드러낸다.(그림 15) 라이프는 거주하고 있는 주변에서 쉽게 접할 수 있는 민들레, 송화, 개암나무, 미나리아재비, 이끼 등의 꽃가루들을 채집하여 세심하게 체로 거른 후, 갤러리 바닥에 뿌려 전시하거나 병속에 넣어 보관하고 전시한다. 라이프의 이러한 작업 과정은 전체이면서 동시에 부분이고, 부분이면서 동시에 전체성을 지닌 생명 현상에 주목한 것이다. 왜냐하면 그의 작업 과정은 철저하게 자연의 주기와 리듬에 맞추어 이루어지기 때문이다. 짙은 오렌지색의 민들레 꽃가루 입자는 상당히 거칠고 유기적이며, 밝은 노란색의 송홧가루는 입자가 곱고, 창백한 노란색의 이끼와 같은 꽃가루들은 입자가 미세하고 창백하다. 이들은 환경에 따라 변화하는 살아 있는 유기물이다. 라이프가 채집한 다양한 색과 입자의 꽃가루들이 뿌려진 전시장 갤러리 공간은 꽃가루 물질과 갤러리 공간이 만들어내는 이미지가 매우 모호하고 암시적이며 은유적이고 시적이다. 이런 공간은 물리적 세계에 대한 경험을 분석적·수학적으로 공식화하는 서구 실증 과학의 방법론으로는 더는 이해하기 어렵다.

생명과 죽음에 관한 관심을 보이는 〈쌀집〉은 1980년대 중반 이후 제작된 것으로, 밀랍 방, 밀랍 배 설치로 구성되었으며, 인간의 실존적 문제들에 대한 깊은 사유가 반영되었다.(그림 16) 〈쌀집〉은 형식적인 면에서 무덤이나 중세시대 기독교 성골함, 이슬람 사원과 유사한 측면이 발견되고, 집과 무덤을 표상함으로 해서 생(生)과 사(死)의 두 영역을 동시에 포괄하고 있다. 여기서 라이프의 관심사는 삶과 죽음 그 자체보다는 이 두 상황을 넘나드는 '전이(轉移)'에 있다. 무엇보다도 밀랍을 이용한 작품들은 물질적 세계에서 비물질적 세계라는 또 다른 차원으로의 이행(移行)을 실행하는 데 유효한 재료로 사용되었다. 또한 6미터로 구성된 밀랍 탑 〈지구라트〉에서 라이프는 지상의 인간이 천상의 신과의 소통을 시도하고 있다. 밀랍으로 만들어진 배를 보면서 피안으로의 여행을 상상하거나 쌀이 뿌려진 원뿔 주위를 돌며 소망을 빌 수 있게 하였는데 이는 고대 지구라트를 연상시키고 있다.(그림 17) 이처럼 라이프는 삶과 죽음을 서로 대척지점

14 15
16
17 18

- 그림 14 볼프강 라이프, 〈우유, 돌〉(1989), 흰대리석 & 우유, 2×122×130cm
- 그림 15 볼프강 라이프, 〈꽃가루〉(1999), 320×360cm, 송화
- 그림 16 볼프강 라이프, 〈쌀집〉(1997), 흰대리석 & 쌀, 32.5×41.5×125.5cm
- 그림 17 〈지구라트〉
- 그림 18 볼프강 라이프, 〈장소도 시간도 실체도 없는〉(2003)

에 두지 않았다. 오히려 그는 죽음이 끝이 아니라 새로운 시작을 의미하므로 생과 사, 물질세계와 정신세계는 상반된 개념이 아니라, 오히려 하나로 통합될 수 있는 가능성을 내포한다고 보았다. 라이프의 작품세계가 추구하는 것은 이 두 세계를 관통하는 영적 체험이다.

〈장소도 시간도 실체도 없는〉 작품은 내부가 천연 밀랍으로 덮인 통로 같은 긴 방으로 구성되어 있다.(그림 18) 한 번에 한 사람씩 입장하여 고립과 명상의 기회를 가질 수 있도록 제작한 작품으로, 2톤 분량의 유기적 재료로 만들어진 공간이다. 관객들은 그 안으로 들어가서 꿀의 향기와 빛의 따스함에 둘러싸여 자연의 기운을 느낄 수 있다. 안으로 들어가면 갈수록 넓어지는 동굴 형태의 이 공간은 완벽한 소우주를 만들며 생명과 죽음의 휴식을 동시에 경험할 수 있는 은신할 수 있는 공간으로 재탄생한다.

라이프는 우리가 우주의 섭리에 따라 어딘가로 움직이고 있고 초월의 세계로 가는 여정이 생명의 과정이라 본다. 그의 작품에서는 텅 빈 듯 새하얀 전시장에서 거대한 무덤 속에서 느낄 수 있는 냉기나, 이승에서 저승으로 가는 중간 정착 역에 서 있는 듯한 비현실적 분위기에 휩싸이게 된다. 그의 생명에 대한 해석은 삶에서 죽음으로, 친숙한 세계에서 낯선 세계로, 물질의 세계에서 초월의 세계로 가는 여정에 대한 이야기다. 라이프는 꽃가루, 우유, 밀랍, 쌀 등의 재료를 즐겨 쓰고 있으며, 이것은 모두 자연의 순환과 관련 깊고 생명을 상징하고 있다.

이렇듯 미술계의 선승으로 불리는 라이프는 작품을 통해 자연친화적 삶과 예술의 일체화를 구현하고자 하였다. 그는 생명을 육체적 관점에서 다루는 의학의 한계를 넘어서 종교적 수행과정으로 보며, 이를 예술창작 과정으로 접목시켰다. 그는 자연과 생명의 신비에 몰두하였으며, 이러한 그의 집중은 효율성과 성과 위주의 서구 문명에 대한 반성과 대안을 제시하고 있다. 의학을 공부하였지만 의사가 되는 길을 거부하고, 의술이 아니라 예술로 인간의 영혼을 치유하고자 한 라이프는 근대 과학이 가지고 있는 획실성과 기계적 분석 과정을 거부한다. 그의 예술세계는 근대 과학기술의 기계적이고도 획일적인 잣대로 우주와 자연 현상의 생명 에너지를 인정하지 않고 세계의 구조와 원리를 밝히려 하는 서구기계론적 세계관이 가지고 있는 한계에 대한 대안이다. 그것은 우리가 오랫동안 잊어왔던 가치, 즉 인간과 자연을 우주의 통일적 생명 체계로 보는 동양적 우주관, 자연관을 새로운 문명적 패러다임으로 제시하고 있는 것이다.

생명의 길에 온전히 저를 바치나이다

조르주 루오(Georges Rouault)는 기독교적 사상을 자신의 예술세계에 그대로 반영하여 현대적 종교화를 완성한 미술가이다. 그는 어릴 적부터 외조부와 함께 미술관을 드나들면서 자연스럽게 미술작품을 접하게 되었고, 스테인드글라스 공방에서 일하기도 하면서 미술의 다양한 분야에 대해 학습할 수 있는 환경에서 유년 시절을 보냈다. 어릴 적 미술을 접했던 경험을 기반으로 본격적인 미술학습을 할 수 있었던 것은 19살 때 파리 국립미술학교에 입학하면서부터이다. 이 학교에서 그는 당시 미술계의 대가들인 귀스타브 모로(Gustave Moreau)를 만나게 되어 본격적으로 그림을 배우게 되었고, 여기서 만난 앙리 마티스(Henri Matisse)와 알버트 마르케(Albert Marquet) 등과 함께 야수주의(Fauvism) 운동을 하면서 현대 미술을 이끄는 주요한 화가로 활동하기 시작하였다. 루오는 회화에서 천부적 재능을 가졌을 뿐만 아니라, 순수하고 맑고 투명한 심성을 가져 자신의 재능을 종교적 믿음과 결합시켜 현대 미술에서 독창적인 종교화를 완성하였다.[8]

루오는 야수주의 미술운동에 가담하여 20세기 현대 미술에서 커다란 궤적을 남겼다. 그의 작품에는 격정적인 색과 붓터치(brushstroke), 어떠한 힘에 의해 짓이겨진 듯한 왜곡된 형태와 표현이 두드러진다. 이러한 표현방식은 어릴 적 경험했던 스테인드글라스 기법을 실험적인 조형 방식으로 탐구하여 가능하였다. 그러나 그의 작품들은 근본적으로 미술을 위한 미술(art for art's sake)을 위해 제작하지 않았다. 그는 인간의 삶을 종교적 관점에서 조명하면서도 예술 활동 그 자체를 생명의 길을 위한 종교적 의식이라 믿었던 화가이다. 따라서 그가 경도되었던 측면은 야수주의 운동에서 표방했던 조형적인 측면보다는, 인간의 삶의 과정에서 나타나는 슬픔, 고독, 우울, 회한 등 인간 내면의 표현에 더 많은 관심을 보였다. 그의 작품에서 표현하고 있는 강렬한 색채와 형태는 사랑하고 증오하고, 슬픔과 고독에 빠진 인간의 내면 상태와 감성을 표현하고 있다.

그러나 그의 작품세계는 기독교와 밀접하게 관련이 있지만, 그의 작품 해석이 종교적 주제를 통해서 자신의 사상을 드러내고자 한 것은 아니다. 그는 창작 과정 및 행위 자체를 종교적 제의 과정으로 여겼기 때문에 그림을 그리는 화가의 행위 자체가 절대자에게 신앙과 사랑을 고백하는 영원한 생명으로 가는 길로 인식하였다. 따라서 그는 자신이 가지고 있는 화가로서의 재능을 모두 절대자에게 바치기를 원했고 주어진 자신의 삶을 최선을 다해 성실하게 사는 길만이 영원한 생명으로 가는 유일한 길이라 믿었다. 이런 그의 삶의 태도는 창작 활동 그 자체도 하나의 종교적 제의 과정으로 보았다. 그는 항상 흰 가운과 흰 모자를 쓰고 외과의사가 수술을 하듯 조심스럽게 붓으로 캔버스를 다듬으며 그림을 그렸다. 이는 캔버스 위에 물감으로 단순히 조형적 실험을 하는 것이 작가가 아니라 이러한 행위 자체가 절대자의 깊은 사랑을 고백하고 자신의 영혼을 바치는 제의적(祭儀的) 과정이라 보았다.

루오의 작품세계는 기독교적 주제를 단순히 다루는 것뿐만 아니라, 이를 통해 그리스도의 사랑을 표현하고자 하였다. 그래서 그는 사회의 밑바닥에서 살아가고 있는 가난하고 소외된 사람들을 통해 그리스도의 존재를 드러내고자 하였을 뿐만 아니라, 사회의 후미진 곳에서 무시받고 조롱받는 사람들에 대한 그리스도의 사랑을 실천하고 표현하고자 하였다. 그는 이러한 표현과 표현 과정 자체가 생명의 길이라 생각하였다. 이러한 예술관은 루오에게 약자와 소외된 사람들을 사랑의 눈으로 바라보게 하였다. 그는 창녀와 도시 변두리 빈민들을 작품의 주제로 삼아, 사회의 부조리와 비합리성에 분노하고 이에 대한 냉소적 시선을 던졌다. 당시 미술가들은 창녀들을 작품의 주제로 삼는 경우가 자주 있었는데, 에두아르 마네(Édouard Manet)는 〈올랭피아〉(그림 19)에서 근대 사회에서 창녀를 통해 회화에서 마돈나의 대상이 여신이나 공주의 모습, 혹은 환상속의 인물이 아니라 실제 근대적 삶 속 인물이라는 점을 보여주었다. 무시당하고 더럽게 여겨지는 창녀를 작품의 마돈나로서 표현함으로 해서 우리가 사회적으로 익혀서 믿고 있는 아름다움의 기준에 대해 다시 한번 질문하도록 하고 미의 기준이라는 것이 사회와 역사적 맥락 속에서 구성되고 해석될 수 있음을 보여주었다.

창녀에 대한 소재를 작품에 자주 등장시킨 작가로는 툴루즈로트렉(Henri de Toulouse-Lautrec)으로 몽마르트 주변의 카바레 댄서와 창녀들이 작품의 주제로 등장하였다. 귀족의 아들로 태어났지만 추락 사고로 불구가 된 로트렉은 창녀들과 어울리면서 이들을 그림으로 그리면서 자신의 처지를 이들과 동일시하였고 사회에 대한 냉소적이고도 비판적 시선을 던졌다.(그림 20)

마네와 로트렉처럼, 루오도 〈고독한 창녀들〉, 〈슬픔을 머금은 어릿광대〉 등을 통해서 위선과 악, 사회의 부조리로 가려져 있는 인간과 사회의 모습을 드러내고자 하였고, 이러한 모순을 규탄하거나 분노로 항거하기보다는 종교적 사랑을 바탕으로 드러내는 데 좀 더 중점을 두었다. 루오의 작품에 등장하는 창녀

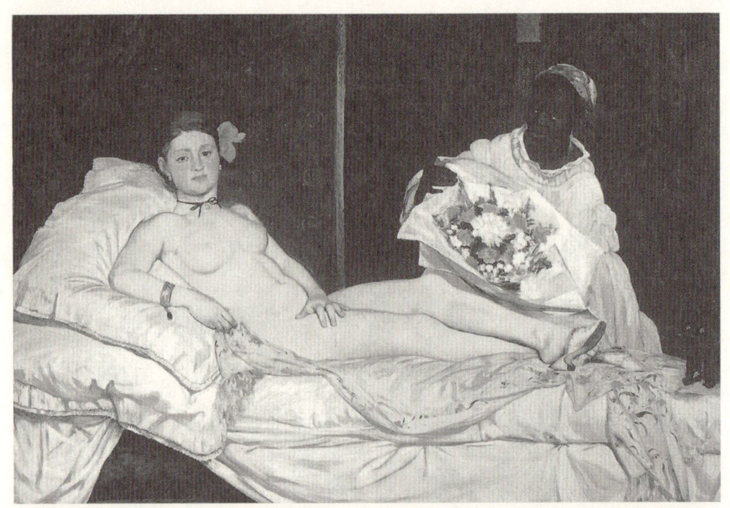

● 그림 19 에두아르 마네, 〈올랭피아〉(1865), 캔버스에 유채, 130×190cm (위)
● 그림 20 툴루즈 로트렉, 〈물랭루즈에서〉(1892), 캔버스에 유채, 123×141cm (아래)

들은 로트렉의 작품에서처럼 여성적인 매력을 풍기거나 다이내믹한 동세를 취하고 있지도 않다. 오히려 그의 작품에서 창녀들은 이목구비가 제대로 파악되지 않을 정도로 짓이겨져 왜곡되어 있고, 스테인드글라스에서 볼 수 있는 것처럼 형상들이 거친 붓질과 검은 선으로 둘러싸여 인간이 가지고 있는 고통과 고뇌의 지점을 극적으로 드러내고 있다. 슬픔과 고통, 억압이라는 감정이 가슴 밑바닥에서부터 꽉꽉 눌려진 상태로 살아가고 있는 어릿광대의 모습이 현실 속에서 어떤 출구를 찾지 못하고 푸른 공간 속으로 퍼져나가는 듯하여, 보는 이의 마음으로 울려퍼진다.

루오가 소외된 사람들에 관심을 가지고 이를 표현했던 것은 오노레 도미에(Honoré Daumier)와 표현 방식이나 작가의 의도 측면에서 비교될 수 있다. 도미에의 〈삼등열차〉는 19세기 유럽 서민의 모습을 캐리커처(caricature) 형식으로 그린 것으로 도시 서민의 모습을 사실적으로 묘사하고 있다.(그림 21) 어머니가 아이를 안고 있는 모습과 풍만한 가슴에 묻혀 젖을 먹는 아이의 모습, 그 옆에 앉은 사람의 앙상한 볼은 그들의 생활상과 신분이 하층임을 드러낸다. 이들의 모습 뒤에 펼쳐지는 풍경의 모습은 당시의 시대상을 적나라하게 보여주고 있는데, 이는 마치 신문의 만화에서 볼 수 있는 풍자적 전달 방식과 표현 방법을 전달해준다. 도미에가 서민의 생활과 모습을 사실적으로 전달해주려고 하면서 사회의 모순과 부조리를 풍자하는 방법론을 택했다고 한다면, 루오가 그린 작품들에서는 사회에서 소외된 계층에 대한 시선이 한층 더 종교적이고 사랑으로 넘쳐나는 듯하다.

● 그림 21 오노레 도미에, 〈삼등열차〉(1862), 캔버스에 유채, 65.4×90.2cm

사회의 소외된 사람들에 대한 애정과 관심을 종교적 관점에서 표현한 루오는 1918년 이후부터 그리스도의 수난을 주제로 종교화를 그리게 된다. 시편 51에서 "미제레레 메이 데우스(하느님, 선한 이여, 불쌍히 여기소서)"라는 다윗의 외침에서처럼, 루오는 전쟁으로 무고하게 죽어가는 인간의 처참한 모습과 죽음을 보면서, 인류를 구원할 수 있는 생명의 길을 더욱 갈망하게 되었다. 그는 전쟁과 사회의 부조리가 가져온 고통과 연민을 기독교적 사랑으로 승화시키고자 하였다. 『미제레레(*Miséréré*)』 판화 연작집을 제작하게 된 계기가 이러한 개인적 경험과 깨달음의 과정에 의한 것이었으니, 동판 58점으로 구성된 이 연작집에서 루오는 그리스도의 삶과 여러 형태로 세속세계에서 존재하고 있는 인간의 고통과 삶의 모습을 묘사하고 있다. 판화집에 실린 장면들은 과슈(gouache) 물감이나 유채로 다시 그려졌고 기독교에서 주장하고 있는 생명의 길을 전달하는 텍스트 없는 성서로서 기능하였다.

『미제레레』 작품들은 어둠 속에서 인간의 고통과 비탄의 소리를 판화 작품들로 구성된다. 스테인드글라스에서 찾아볼 수 있는 조형적 양식을 차용한 듯한 검은 윤곽선으로 둘러싸인 흑백의 형태는 마치 어둠 안에서 꿈틀거리는 인간의 절규와 그를 통한 생명력처럼 보인다. 〈쾌락의 창녀들〉, 〈천국에 예약석이 마련되어 있다고 확신하는 상류층의 사람들〉, 〈어리석고 뻔뻔한 판사와 변호사들〉, 〈스스로를 왕이라고 생각하는 자의 얼굴〉 등은 검은 윤곽선이나 어두운 배경 혹은 색감을 뚫고 희미하게 비추는 빛을 바라보고 있다. 사회의 구조 속에서 능욕당하고 채찍질당하고 십자가에 못 박히는 수난당하는 그들의 모습은 마치 성서 속의 그리스도를 비유하는 듯하다. 루오의 『미제레레』 이야기의 모델은 십자가의 길로, 58점의 판화에서 인간이 겪게 되는 고통에 관해 종교적 해석을 부여한다. 루오가 본 인간 수난의 역사인 미제레레는 십자가에서 죽음조차도 순종으로 받아들이는 것을 의미한다. 루오가 선택하는 이미지는 예술의 고통받는 모습과 구원을 위한 생명의 길을 드러낸다.

루오의 작품세계를 생명의 영원성에 대해 종교적 관점에서 이해하여 수많은 기독교적 상징들을 제작하였고 이를 통해서 예술 활동과 종교 활동의 가교가 되고자 하였다. 〈그리스도의 얼굴, 성안〉은 두려움에 가득한 큰 눈을 뜨고 있는 예수의 얼굴로 로마 군인의 채찍질에 의해 상처받은 영혼과 육체를 거친 브러시스트로크와 원색의 색채로 표현하고 있다.(그림 22) 절대적 권능이나 위엄을 찾아볼 수 없는 그리스도의 성안은 가장 낮은 곳으로 떨어진 낮은 자의 모습을 나타낸다. 사회의 가장 밑바닥에서 소외된 영혼의 눈물을 닦아주며 위로해주는, 어떠한 모욕과 멸시 속에서도 수난을 받은 그리스도의 사랑을 루오의 회화에서는 종교적 색채를 통해서 드러낸다. 이 작품에서 그리스도의 모습은 초기 로마네스크 회화처럼 비잔틴 성상들을 연상시키는 엄격한 정면 모습을 하고 있다. 그리스도의 얼굴을 화면 전체에 정면으로 배치한 이 작품은 물감이 두텁게 칠해져 마티에르가 강렬하게 나타나는 방법을 취했다. 검은 가시면류관은 잘 부각되지 않지만, 그리스도의 머리를 둘러싼 노란색 지그재그는 가시와 혼동되기도 한다. 원형이 아니라 힘찬 선으로 표현된 신성성의 후광은 그리스도의 얼굴에 에너지를 부여한다.

루오가 그리스도의 성안을 표현할 때 원시주의 방법론을 취한 것은 레오나르도 다빈치(Leonardo da Vinci)의 〈모나리자〉와 형식적으로 상당 부분 비교된다. 두 작품 모두 인물의 얼굴을 그렸지만, 모나리자의 경우는 스푸마토(sfumato)* 기법으로 전반적으로 아스라하고 부드러운 분위기를 통해 신비스러운 표정을 보여주고 있다.(그림 23) 또한 밝고 어두운 명암의 계조를 부드

* 스푸마토(sfumato) 기법은 회화에서 색과 색 사이의 경계를 명확하게 하지 않고, 마치 안개처럼 부드럽게 처리하는 테크닉을 의미한다.

● 그림 22 루오, 〈그리스도의 얼굴, 성안〉(1933), 캔버스에 유채, 91×65cm (왼쪽)
● 그림 23 레오나르도 다빈치, 〈모나리자〉(1503~1506), 77×53cm (오른쪽)

럽게 처리하여 대상의 입체감을 표현한 레오나르도 다빈치에 비해, 루오는 거칠고 명암이나 대상의 정확한 묘사를 거부하고 표현적이고 원시적이고 평면적인 효과를 보이고 있다. 〈그리스도의 얼굴〉과 〈모나리자〉는 얼굴의 표현에 있어 서로 다른 표현 방법을 극명하게 보여주고 있다.

루오에게 창작의 과정은 생명의 길과 같은 것이다. 그것은 절대자가 준 재능과 삶을 최선을 다해 성실하게 사는 것이 구원받을 수 있는 유일한 생명의 길이라는 믿음이 미술작품으로 나온 것이다. 그의 예술세계는 곧 종교적 구원의 길과 같은 것이고, 그것은 영원한 생명의 길로 가는 것이었다.

죽음과 생명: 죽음은 생명의 한 과정이다

무덤에서 볼 수 있는 생명과 죽음의 이중주

생명에 관한 생각은 죽음이라는 문제와 함께 논의할 때 좀 더 그 의미가 드러날 수 있다. 인류 문명을 거슬러 올라가면 생명에 관한 사상은 무덤과 무덤 안에 구성된 사물들을 통해 알아볼 수 있고 그들이 가지고 있는 생명에 대한 다양한 사고체계를 이해할 수 있다.

이집트 문명은 인류의 고대 문명 가운데 가장 엄격하고 보수적인 성격을 가진다. 기원전 3000~500년에 전개된 이집트 미술에는 '영속적인'이라는 표현이 적절하다. 이집트 사회제도와 종교 그리고 예술적 관념의 형태는 꾸준히 유지되어 있으며, 이러한 경향은 그리스와 로마 미술에 결정적인 영향을 주었다. 이집트 역사에서 절대적인 권력자이고 신(神)인 파라오(Pharaoh)의 권위는 초인간적이고 절대적이고 신성한 것으로 여겨졌으며, 이집트 문명의 본질이다. 그 본질이란 죽은 자의 미술이라는 것. 다시 말하면, 이집트 문명은 분묘와 그 부장품을 통해서 생명이 영원히 보존되기를 희망했다.

그러나 이집트인들은 지상에서의 삶을 무덤으로 가는 과정쯤으로 여기는 사자(死者) 숭배사상에 집착하지 않았다. 그들에게 있어 원시 시대 조상들을 지배했던 죽은 자의 정령은 더는 어둡고 두려운 공포의 대상이 아니다. 그 대신 고대 이집트인들은 모든 사람이 사후에도 행복한 삶을 누려야 한다는 생각을 하고 있었다.[9] 따라서 그들은 사후에도 자신들의 영혼이 편안하게 지낼 수 있도록 무덤 속을 꾸며 영혼이 정착할 수 있는 육체까지도 안치하였다. 그들은 자신의 사체(死體)를 미라로 만들거나 그것이 훼손될 경우를 대비하여 조각상을 보관하기도 하였다. 이집트인의 이러한 관습에서 우리가 일상적으로 생각하는 삶과 죽음의 경계는 해체된다. 이집트인들은 죽은 뒤에도 자신의 영혼이 살아 있을 때와 똑같은 쾌락을 즐길 것이라 믿었다. 그리고 미리 이러한 쾌락을 준비해둔 사람은 살아 있는 동안 미지의 두려운 죽음의 세계에 시달리는 대신, 죽음 이후의 쾌락을 즐기기 위해서 활력적이고 행복하게 살아갈 수 있다고 생각하였다. 이러한 측면에서 이집트의 분묘는 행복한 삶과 죽음에 대한 불멸의 생명성을 가진다.

이집트인의 생명에 대한 이러한 생각은 분묘를 통해서 잘 나타난다. 이집트의 분묘는 이집트인의 삶과 죽음, 사후세계에 관한 그들의 생각이 그대로 반영되기 때문이다. '마스타바(mastaba)'는 외벽을 벽돌이나 돌로 처리한 사각형 축조물 형식으로, 그 내부에는 땅속 깊숙이 위치한 매장실과 그곳으로 연결되는 통로가 설치되었다. 마스타바 내부에는 영혼에게 공물을 올리는 성소와 죽은 자의 조상을 안치하는 작고 비밀스런 방도 설치되어 있다. 가장 대표적인 예로 〈피라미드, 기자〉는 왕들의 분묘인 마스타바로 볼 수 있는데, 엄청난 크기로 축조된 구조물이다. 계단 피라미드(step pyramid) 형식으로 발전하여, 이후 피라미드 건축의 발전은 제4왕조 동안 기자(Giza) 지역에 축조된 '세 개의

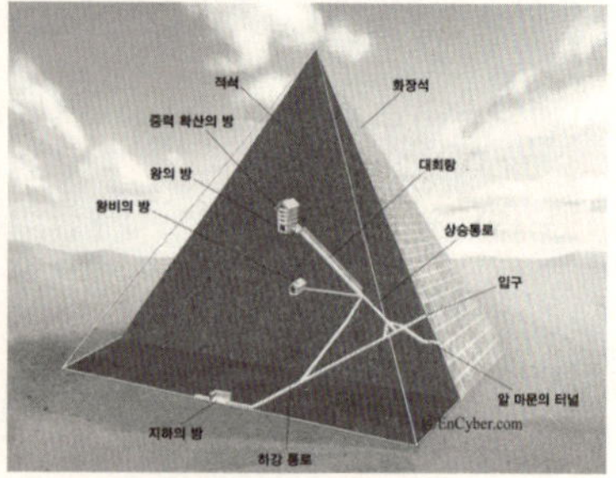

●그림 24 〈피라미드, 기자〉 미세리누스 왕(기원전 2470년경), 케프렌 왕(기원전 2500년경), 케오프스 왕(기원전 2530년경) (왼쪽)

●그림 25 피라미드의 내부 구조 (오른쪽)

대(大)피라미드'에서 절정을 이루었다. 이 피라미드는 원래 섬세하게 처리한 돌로 감싸져 있으나, 케프렌 왕의 피라미드 꼭대기 부분을 제외하고는 모두 사라지고 없다. 이 세 개의 대피라미드 둘레에는 왕족들과 고위 계급의 분묘인 작은 피라미드들과 마스타바가 세워져 있으나, 장대한 통일감보다 단순한 배치 방식으로 나타난다. 이러한 거대한 규모의 건축 사업은 권력의 절정을 구가했던 파라오의 지위를 대변한다.(그림 24, 25)

고대 이집트인들은 땅을 완벽한 정사각형으로 다듬어 남동쪽을 북서쪽보다 높게 하였다. 피라미드 내부는 석회암과 같은 단단한 재질로 만들었기 때문에 자그마한 매장실이 윗 천장의 육중한 무게를 견디기 위해서는 고도의 공학기술이 필요하다. 중앙 통로의 천장은 층층으로 쌓여 버팀목을 끼운 반면, 왕의 방 천장은 6개의 화강암 석판으로 만들어졌다. 그 천장 위 벽돌의 육중한 무게를 지탱하고 외압을 줄이고자 별도의 칸막이를 위쪽에 설치하였다. 건축 당시 돌의 짜임새가 극도로 정밀하게 축조되었다. 230만 개의 석회암 벽돌과 단순한 석재 절단 도구들을 사용하였으며, 나일강 동쪽 채석장에서 서쪽 방둑까지 벽돌을 나를 거룻배, 통나무 굴림대, 벽돌로 만든 경사면, 석재를 건축 장소까지 끌 나무 운반대, 14.4미터 높이의 피라미드 표면을 덮을 하얀 석회암을 사용하였다. 이러한 구조물을 완성하기 위해 4,000명의 인원이 15톤 이상의 벽돌을 가축, 바퀴, 기계나 용구의 도움 없이 인력으로 날랐다. 완공하는 데 23년이 걸렸다고 전해진다.[10]

● 그림 26 〈티의 분묘〉

〈티의 분묘〉도 생명과 죽음에 관한 이집트인의 생각을 보여준다.(그림 26) 하마를 사냥하는 장면을 묘사하고 있는 〈티의 분묘〉는 사카라 지방의 건축 감독관인 티(Ti)의 공물방에서 발견된 것으로 부조 형식으로 제작되었다. 이 벽화의 배경에는 파피루스 덤불이 묘사되어 있고, 위에서 아래로 내려뜨린 파피루스의 줄기는 규칙적인 물결무늬를 이루고 있으며, 그 속에 둥지를 튼 새들은 작은 침입자들을 그리고 있다. 지그재그 모양으로 바닥에 그려진 강물에는 몸부림치는 하마들과 물고기들이 가득하고, 오른쪽 배에 탄 사냥꾼들의 모습은 매우 예리한 관찰력을 통해 풍부한 동세를 보여주는 풍경을 전달한다.

화면의 가운데에 있는 배에 서 있는 티만이 마치 다른 세상에 속한 사람처럼 부동의 자세를 취하고 있다. 이러한 자세는 당시 이집트에서 유행했던 장례용 초상 조각이나 부조 양식에서 흔히 발견되는 양식이다. 티는 화면에서 다른 사람보다 유별나게 크게 그려져, 주위의 다른 사람보다 중요한 인물임을 관람자가 알 수 있게 한다. 다른 사람보다 상대적으로 크게 그려진 티의 모습은 사냥하는 장면과 거리를 두고 있는 듯한 느낌을 전달하기도 한다. 사냥을 지휘하지도 않고, 그렇다고 사냥에 직접 참여하지도 않는, 그저 바라만 보고 있는 모습이다. 티의 이런 모습은 고왕국(高王國) 시대에 그려진 죽은 자를 묘사하는 일반적인 양식으로, 이집트인들이 죽음에 대해 가지고 있는 생각을 드러낸다. 인간의 육체는 죽지만, 영혼은 살아 있어 비록 사냥에 직접 참여하지 못하더라도 현세의 일상적 삶과 생활 속에서 즐거움을 여전히 누릴 수 있다고 믿었다. 이 벽화에서는 하나의 계절적 순환 양식을 그렸고, 달력의 기능도 하였다.

영원불멸에 관한 이집트인의 관심은 이집트 미술의 대표적인 특성으로 꼽을 수 있다. 살아 있는 신(神)으로 여겨졌던 파라오의 사후 세계의 생명을 위하여 거대한 건축물과 무덤 안에는 그의 영혼의 영원성을 위해 예술품을 함께 보관하였다. 무덤에 있는 유물과 예술품은 영혼불멸을 믿는 이집트인들의 생명관을 드러내는 것으로 지상에서 누린 행복과 영광을 사후 세계에서도 동일하게 누릴 수 있도록 하는 믿음을 반영한다. 무덤의 벽면에 그려진 그림이나 상형문자들은 죽은 자의 살아생전의 일상생활을 자세히 묘사하고 있으며, 영혼이 대신 머무를 수 있도록 초상 조각을 만들기도 하였다.

〈라호텝 왕자와 노프렛 왕자비〉는 초상화와 조각상의 인체는 엄격한 공식에 따라 묘사되었다. 눈과 어깨는 정면을 향해 좌우대칭이고, 머리와 팔, 다리는 보는 이가 측면에서 본 모습으로 그려졌다.(그림 27) 이집트 인물들은 마르고 어깨가 넓으며 엉덩이가 작은 인물들이 머리 장식을 하고 치마 모양의 옷을 입은 채 한쪽 다리를 앞으로 내밀고 있다. 파라오는 거인처럼 묘사되고, 시종들은 난쟁이같이 그려지는 등, 인물의 크기는 신분에 따라 다르게 표현되었다. 〈라호텝 왕자와 노프렛 왕자비〉는 고왕국 시대의 남자와 여자의 좌상으로 이집트의 엄격한 조형 방법을 지키고 있다. 왕자는 아내에 비해 어두운 빛깔로 채색되었는데, 이집트 미술에서 남자는 여자보다 항상 어두운 피부색으로 그려졌다. 눈에는 광택이 나는 돌을 끼웠다. 석회암으로 만든 이 조각상은 대부분의 초상 조각들처럼 정적이고 수동적으로 표현되었으며, 왕자비의 영원불멸을 위해 만들어졌다.

〈투탕카멘 왕의 마스크〉는 미라 위에 놓여 있는 순금으로 만든 실물 크기 장례용 마스크로 오시리스 신으로 분한 투탕카멘의 모습이다. 투탕카멘은 아홉 살의 나이에 파라오가 되었지만, 재위 9년째에 요절하였다.(그림 28) 파라오는 이마와 머리를 감싸는 네메스(nemes)라는 줄무늬 천을 둘렀고, 얼굴 중앙의 수염은 윤곽선을 두드러지게 표현하는 칠보 기법으로 만들어졌다. 청동목걸이는 청금석, 석영, 천하석으로 만들었다. 어깨와 목덜미 부분에는 마술 주문과 파라오를 보호해 달라고 기원하

● 그림 27 〈라호텝 왕자와 노프렛 왕자비〉(기원전 2610년경), 이집트 박물관 (왼쪽)
● 그림 28 〈투탕카멘 왕의 마스크〉(기원전 1352년경), 이집트 박물관 (오른쪽)

는 글이 적혀 있다. 이마에는 독수리 여신과 코브라 여신이 달려 있다. 눈은 흑요석과 석영으로 만들었고 가장자리는 붉은색으로 강조하였다. 〈투탕카멘 왕의 마스크〉는 금판에 압력을 가해 오목한 부분을 만들게 되는데, 그 안에 채색 유리와 청금석, 석영, 장석 같은 준보석으로 채웠다. 여기서 금은 '신의 피부'를 의미한다. 투탕카멘 파라오는 무덤이 도굴되지 않고 발견된 유일한 왕묘로, 파라오의 장례 절차에 대한 지식은 투탕카멘 무덤을 통해 얻어진 것이다. 이 무덤에서 주요 장식 재료는 황금, 황금의자, 금으로 된 왕관, 금박 입힌 벽면, 금으로 만든 관 등으로 금제품이 부장되었다.

위에서 언급한 무덤들은 이집트 미술의 특성을 잘 드러낸다. 그것은 이집트 미술이 죽은 이의 영원불멸에 대한 믿음에 바탕을 두었다는 것이다. 또한 기하학적 규칙과 자연에 대한 예리한 관찰력이 이집트 무덤에서 발견된 미술품들에서 찾을 수 있는 조형적 원리다. 머리는 측면이 가장 쉽게 볼 수 있기 때문에 옆모습으로 그렸다. 눈은 정면에서 본 것을 기억하기 때문에 측면 얼굴을 정면에서 본 눈이 그려졌다. 어깨와 가슴은 정면에서 그 모습이 가장 잘 드러나도록 했다. 그래야 두 팔이 몸에 어떻게 붙어 있는지를 볼 수 있기 때문이다. 양쪽 발을 시각화하기 위해 엄지발가락에서 발등으로 연결되는 분명한 윤곽선을 선호한다. 이집트 미술가들이 그린 인간의 모습은 인간이 이렇게 보인다고 생각한 것이 아니라, 인간의 형태 속에 그들이 중요하다고 생각한 모든 것을 다 그려넣어야 한다는 조형 원리에 따랐던 것이다. 이러한 규칙과 원리를 엄격하게 준수하는 것이 이집트 미술의 특징이다. 또한 남자는 여자보다 피부가 검게 칠해졌다. 이집트 미술가들은 상형문자 형상과 상징을 명확하고 정확하게 쓸 수 있도록 배워야 하고 기존의 조형 법칙을 철저히 지키는 사람이 훌륭한 미술가로 추앙되었다. 새로운 것, 독창적인 것은 요구되지 않는다.

무덤을 통해 생명 사상을 엿볼 수 있는 또 다른 예는 카타콤(catacomb)을 들 수 있다. 죽은 사람을 매장한 지하묘소인 카타콤은 기독교의 생명관이 현세보다는 내세에 있다는 것을 알 수 있다. 천장과 벽에 그려진 그림들은 인간의 일상적 삶보다는, 그리스도의 영광과 구원, 그리고 진리를 표현하고 있다. 한 예로 〈산

● 그림 29 〈산 피에트로와 마르첼리노〉(4세기), 로마 카타콤 천정화

피에트로와 마르첼리노〉의 천장화는 구약성서에 있는 구원받는 요나의 설화를 담고 있다.(그림 29) 화면의 중앙에는 한 마리의 양을 찾고 있는 착한 양치기가 있다. 양치기는 그리스도를 상징한다. 그 주위에는 두 손을 들고 위를 향해 기도하고 있는 사람들의 모습이 보이는데, 이는 박해 시대 기독교인들의 모습이다. 왼쪽과 오른쪽은 구약성서 요나 설화의 중요한 장면을 묘사한다. 박덩굴 아래에는 요나가 누워 있다. 그리스도의 죽음과 부활 사건을 통해서 초기 기독교인들은 자신들에게 가해졌던 박해를 견뎌내고 영원한 생명에 대한 믿음을 지켰다.

대체로 카타콤은 지하에 한 사람 정도가 통행할 수 있을 정도의 꼬불꼬불한 통로를 만들어 중간 중간에 죽은 사람의 묘를 보관해둘 수 있는 공간을 마련하였다. 카타콤은 미로처럼 여러 층으로 이루어진 구조로, 화산암으로 이루어진 땅속에 만들어진 굴은 시간이 지나면서 공기와 접촉하여 단단해진 경우이다. 카타콤은 기독교인들의 공동묘지 성격으로 출발하여 기독교인들에 대한 박해가 심해지자 그들이 함께 모여 살게 되는 공간으로 변하였다. 따라서 카타콤의 벽면에는 당시 모여서 숨어 살았던 기독교인들의 종교적 그림들이 그려졌는데, 그 의미는 죽음을 이겨낸 영원한 생명과 관련된 주제들이었다. 지하 묘지 속에서 그리스도의 복음과 부활에의 소망을 가졌던 초기 기독교인들에게 죽음은 부정적인 의미가 아니라 종교적 신념을 지키고 죽어간 자리이고 성스럽고 거룩한 곳이다. 그들에게서 죽음과 삶은 같은 길이다.

생명과 십자가 책형

생명과 죽음에 관한 주제에서 십자가 도상은 가장 중요한 기호 중 하나이다. 시각문화 역사 속에 드러나는 십자가가 무엇을 의미하는가에 관한 질문은 십자가 문양에서 생명에 관한 인간의 생각이 역사적으로 어떻게 드러났는지를 살피는 작업과도 같다. 좌우, 상하의 교차를 통해서 십자문양은 인간의 역사에서 가장 빈번히 나타난 기호다. 십자문양은 동·서양 세계를 막론하고 과거와 현재, 그리고 미래라는 시간과 우주라는 공간을 해석하는 철학적이고도 종교적인 측면을 지닌다. 원시 시대부터 십자가는 완전함과 생명력을 가진 존재를 상징하였다. 혼돈의 우주 공간에서 네 방향으로 뻗어나간 십자가는 방향성을 제시하고 있으며, 인간에게 기본좌표를 설정하여 역사가 시작되는 지점을 설명한다.

인류의 역사에서 가장 오래되고 자주 논의되었던 십자가

에 대한 철학적 의미는 기독교의 십자가 사건을 종교적 관점에서 해석할 수 있다. 그리스도 십자가 사건은 기독교에서 죽음과 부활, 그리고 구원의 의미로서 표상되었고, 이는 서양 미술의 역사에서 가장 많이 사용되는 주제가 되었다. 십자가는 대속(redemptio)을 의미하였고, 그리스도가 인간의 죄를 속량하기 위한 그 대가로 십자가에서 목숨을 제공하고 죽었다는 희생을 의미한다. 속량(贖良)의 의미를 갖고 있는 십자가는 자신이 선택한 백성에게서 살해당하는 커다란 사건으로, 십자가에서의 죽음을 자기비허(自己卑虛)라 볼 수 있다. 피조물에 대한 절대적 연대성과 사랑이 이러한 사건을 가능하게 하였다.[11] 십자가는 죽음을 소생시키는 부활의 상징이 되는 신비가 된다. 절망은 희망으로, 슬픔은 기쁨으로, 가난함은 부유함으로 십자가 안에서 이루어진다. 죽음에서 부활이 시작된다는 역설의 패러다임이 십자가의 진리다.

십자가의 상징성은 영원한 생명을 의미하며, 이는 서양 미술의 역사에서 아주 오랫동안 거론되었다. 생명의 나무, 영원한 생명력, 구원을 상징하는 이러한 소재들은 사실상 회화와 공예에서 주요한 소재로 사용되었고 십자가를 생명의 나무로 표현한 작품들에서 찾아볼 수 있다.(그림 30, 31, 32)[12] 초기 기독교에서 십자가는 두 마리의 물고기와 함께 그려지곤 했는데, 이는 그리스도의 죽음을 부활과 연결시켜, 죽음도 부활을 기다리며 잠자는 것으로 생각하였다.(그림 33)[13]

〈이젠하임 제단화〉는 십자가에 못 박힌 그리스도를 주제로

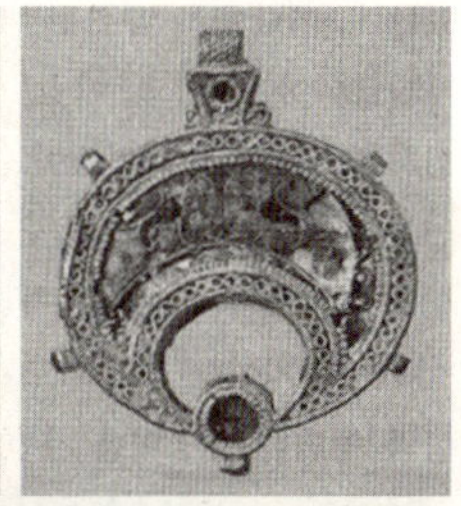

● 그림 30 스핑크스와 생명나무, 도금 장식판(기원전 1400~1230), 이집트 엔코미 출토, 루브르 박물관, 프랑스
● 그림 31 팬던트(11~12세기), 이집트, 루브르 박물관, 프랑스
● 그림 32 사자사냥, 페르시아의 영향을 받은 비잔틴 직물, 비단(7~9세기 초)
● 그림 33 물고기와 십자가, 도미틸라 카타콤바(2세기경), 로마, 이탈리아

그 고통과 죽음, 그리고 생명의 의미를 재현한 마티아스 그뤼네발트(Mathias Grünewald)의 작품이다.(그림 34)[14] 황량한 벌판은 어둡고 쓸쓸하게 처리되어 있으며, 중앙에는 나무십자가에 못 박혀 매달린 가시관을 쓴 그리스도가 고통을 이기지 못해 뒤틀려 있다. 그리스도의 육체는 십가가에 매달려 있어 무겁게 축 늘어져 있으며, 입은 고통으로 열려 있고, 못이 박힌 손가락은 갈라져서 위를 향해 뻗쳐 있다. 그리스도의 왼쪽에는 제자 요한이 오열로 쓰러지는 마리아를 부축하고 있다. 그리스도를 중심으로 오른쪽에는 성배에 피를 흘리고 있는 양과 세례 요한이 있다. 그뤼네발트의 〈이젠하임 제단화〉는 상당히 사실적인 듯하

● 그림 34 그뤼네발트, 〈이젠하임 제단화〉(1515)

지만, 형태에 있어서 왜곡되고 과장되게 표현되었다. 이러한 표현 방식으로 그리스도의 육체적 고통과 절망감, 비장함에서 긴장을 느끼게 한다. 그러나 여러 그림이 겹쳐진 제단화의 중앙 부분을 열게 되면, 그리스도의 탄생과 부활의 장면이 나타나고 있다. 그리스도의 십자가 책형을 통해 그의 고통과 죽음, 그리고 부활이라는 메시지를 십자가의 신비를 통해 전달하고 있다.

현대에 이르러서 십자가 책형은 종교적 측면에서만 그 의미가 해석되는 것이 아니라, 십자가의 죽음과 생명 문제를 통해 자신의 자화상, 사회와 역사 속에서의 모순과 부조리 등을 재현해내었다. 종교적 측면에서의 재현에서 벗어나 좀 더 다층적인 차원의 해석이 폴 고갱(Paul Gauguin), 빈센트 반 고흐(Vincent van Gogh), 마르크 샤갈(Marc Chagall), 프란시스 베이컨(Francis Bacon)의 작품세계에서 나타난다. 십자가 책형을 통해 미술가들은 자신의 자화상뿐만 아니라, 미술가 개개인이 처한 시대적 상황과 부조리를 죽음의 이미지와 함께 재현하였다.

폴 고갱은 수세기 동안 회화의 주제가 되었던 십자가 책형 사건을 통해서 화가로서의 자신의 자화상을 드러내고 있다. 그가 그린 〈황색 그리스도〉에서 예수와 십자가의 배경은 골고다 언덕이 아니라, 프랑스의 브르타뉴(Bretagne)이다. 골고다에서 고통으로 몸부림치며 하늘을 향해 절규하는 십자가 책형을 재현했다기보다는, 우울하고 삶에 지친 화가 자신의 심리적·물질적 어려움을 드러내고 있다.(그림 35) 〈황색 그리스도〉를 그리기 전 고갱은 1888년경 프랑스 아를에서 반 고흐와 함께 생활하면서 겪게 되는 심리적 상처와 불행한 사건, 개인적 생활고에 괴로워하며 책형당하고 있던 고갱 자신의 자화상을 드러낸 것이다.* 〈황색 그리스도가 있는 자화상〉은 고갱의 〈자화상〉과 〈황색 그리스도〉의 작품이 결합된 것이다.(그림 36) 〈자화상〉에서 고갱은 머리에 후광을 두르고 손에는 뱀을 쥐고 있다. 선악과를 상징하

* · 고갱의 작품세계는 마치 교회의 스테인드글라스에서 느껴지는 것처럼 색면에 검정색 윤곽선을 두르는 기법을 사용하여 색면과 색면이 만들어내는 원색적 대조와 구성이 회화의 평면성과 장식성, 그리고 색채의 자율성을 구현하고 있다.

는 사과가 화면의 중앙에 있고 후광을 두르고 뱀을 손에 쥐고 있는 고갱의 모습은 원죄를 가진 아담의 속성과 창조자로서의 신적 속성을 모두 함유하고 있다. 〈황색 그리스도가 있는 자화상〉은 고갱의 자화상에 있는 눈초리가 자신이 화가로서 겪고 있는 물질적·심리적 고통을 신적 단계와 유사한 차원으로 올려놓고 있다.

한편 빈센트 반 고흐의 〈감자 먹는 사람들〉은 십자가에 관한 표현을 좀 더 다른 차원에서 표현하고 있다.(그림 37) 작가로서 반 고흐에게 인간의 삶의 문제는 작업에서 가장 큰 화두였다. 그는 인간의 삶의 문제를 종교적인 차원으로 접근했는데, 그의 삶에 대한 관심은 깊은 연민과 희생을 통해 미술작품을 통해 구원하고자 믿었다. 〈감자 먹는 사람들〉은 누에넨(Nuenen)에서 가난한 농부들의 평범한 일상생활을 종교적 장면으로 승화하여 그렸다. 밀레의 〈만종〉에서 하루의 노동을 마치고 감사히 기도하는 농부의 모습처럼(그림 38), 〈감자 먹는 사람들〉에서 가난한 농부들은 힘든 하루를 마치고 한자리에 모여 엄숙하고 경건한 저녁식사를 맞이한다. 마치 대지의 흙더미 같은 질감으로 표현된 화면의 뒤쪽에는 벽면에 걸려 있는 십자가가 조그맣게 보이는데, 이는 마치 농부들의 소박한 저녁식사가 종교적으로 경건하고 성스럽게 느껴지도록 하고 있다. 농부들의 투박하고 주름진 얼굴, 거칠고 굵은 손은 척박한 그들의 고된 노동을 상상하게 하고, 노동의 신성이 배경의 십자가로 인해 거룩한 종교적 행위처럼 승화되고 있다. 에밀 놀데(Emil Nolde)의 십자가 책형은 종교적 해석을 한층 더 극대화하였다. 〈예수의 생애〉라는 대작에서 놀데는 예수의 탄생과 죽음, 부활, 그리고 승천에 관한 아홉 가지 장면을 원색과 강렬한 붓터치(brushstroke)로 표현하였다.(그림 39, 40, 41) '십자가 책형'은 아홉 개 장면 중에서 중앙에 가장 크게 배치되어 그뤼네발트의 제단화처럼 보인다. 강렬한 색과 대담한 면의 구성들은 십자가 책형 사건이 인류 역사의 가장 대표적인 사건임을 드러내고 있다.

마르크 샤갈의 〈흰색 십자가 책형〉은 십자가에 못 박히는 그리스도를 그렸지만, 실제로는 1938년부터 나치가 본격적으로 저지른 대규모 유대인 박해의 만행을 고발한 작품이다.(그림 42) 이 작품에서는 나치의 살육과 파괴, 약탈의 혼란과 핍박인이 겪게 되는 공포의 외침이 혼재한다. 1938년 독일은 1,500명의 유대인을 수용소로 보냈고, 뮌헨 회당과 뉘른베르크 회당을 파괴하였으며, 폴란드 유대인들을 국외로 추방하였고 대학살을 시작하였다. 1938년에 일어난 악명 높은 사건들이 모두 이 작품에 재현하였다. 샤갈의 〈흰색 십자가 책형〉에는 화가 자화상으로서의 예수와 비극적 시대의 자화상으로서 예수라는 두 가지 측면이 복합적으로 나타나고 있다. 이 작품은 러시아 이콘화의 구성방식을 취하고 있다. 화면의 중앙에는 십자가에 책형당하는 그리스도가 있고, 그 주위에는 나치의 만행으로 발생한 비극적 사건들과 관련된 도상들을 표현하고 그 만행을 고발하고 있다.

프란시스 베이컨의 십자가 책형도 사회의 모순을 들추어내는 비판적 시각을 드러낸다. 현대인의 위기의식과 불안한 심리,

35	36
37	38

● 그림 35 폴 고갱, 〈황색 그리스도〉(1889), 캔버스에 유채, 92×73cm
● 그림 36 폴 고갱, 〈황색 그리스도가 있는 자화상〉(1889~90), 캔버스에 유채, 38×46cm
● 그림 37 빈센트 반 고흐, 〈감자 먹는 사람들〉(1885), 캔버스에 유채, 82×114cm
● 그림 38 밀레, 〈만종〉(1855~57), 캔버스에 유채, 55×66cm

● 그림 39 에밀 놀데, 〈예수의 생애〉(1911~12), 캔버스에 유채, 가운데 220.5×193.5cm, 양옆 각 100×86cm
● 그림 40 에밀 놀데, 〈예수의 생애 중 부분〉
● 그림 41 에밀 놀데, 〈예수의 생애 중 부분〉
● 그림 42 마르크 샤갈, 〈흰색 십자가 책형〉(1938), 캔버스에 유채, 155×139.5cm
● 그림 43 프란시스 베이컨, 〈십자가 책형 발치에 있는 인물에 관한 세 습작〉(1944), 하드보드에 유채와 파스텔, 각 판넬 93.98×73.66cm

강박관념을 드러내는 데 십자가 책형이라는 주제를 사용하였다. 현대적 삶 속에서 인간이 겪고 있는 죽음과도 같은 상황들, 고독과 불안, 공포를 표현했다는 점에서 종교적 측면에서 십자가 책형을 해석하지 않았다. 그는 십자가 책형을 통해서 특정 종교의 메시지를 전달하기보다는 인간이 보편적으로 가지고 있는 잔혹성과 광기를 표현하고자 하였다. 〈십자가 책형 발치에 있는 인물에 관한 세 습작〉에서 베이컨은 세 폭의 화면에 괴기스러운 살덩이와 형체들을 배치하였다.(그림 43) 전반적으로 분위기가 살벌한 이 작품은 전쟁의 참상 이후 인간이 겪었던 비극과 불행, 참혹함과 인간성 상실의 비극을 관람자에게 충격적으로 전달해준다. 살인의 공포와 전쟁의 폭력, 그리고 이를 통한 인간성 상실의 비극은 베이컨 회화가 십자가 책형을 통해 드러내고자 하는 의미다. 베이컨은 종교적 개인에 대한 해석이나 그 의미를 캐기보다는, 십자가 책형을 통해 인간이 직면할 수 있는 극한의 공포와 죽음에 관해 관심을 두었다.

생명과 죽음의 순환에 관한 흔적들

빌 비올라(Bill Viola, 1951~)는 인간 경험의 영적 측면과 지각적 측면을 탐구하는 비디오 아트 분야의 선구자적 인물이다. 그는 동양 철학과 인간의 존재론적 측면에 관심을 가지면서 생명과 죽음의 문제를 집요하게 파고든다. 그는 스즈키 다이세쓰의 선불교, 아난다 쿠와라즈와미(Ananda Coowaraswamy)의 동양미술에 관한 생각들, 신비주의 시인 루미의 시, 코란 등 동양 종교에 영향을 받았으며, 1976년부터 일본, 스리랑카, 발리, 남태평양의 섬에 종교와 문화를 체험하는 여행을 하기도 하였다. 자아 인식에 대한 통로를 드러내기 위해 비디오를 이용하여 작품을 제작하였으며, 불교의 선종, 이슬람의 수피교, 그리스도의 신비주의를 포함한 정신적 전통에 근원을 두었다. 1970년대 이후 영상 작품과 멀티미디어 설치 작품들은 전 세계 텔레비전, 미술관, 갤러리 등을 통해 상영되고 전시되었다. 비올라의 작품은 관람자들이 미디어를 다루는 기술과 자연스럽게 결합된 아름다운 시각영상에 경이로움을 자아내게 한다. 성스러운 종교화를 대하듯 관객은 화면을 경건하게 응시하며 그 속에서의 시간의 흐름, 감정의 변화, 그리고 시각적으로 인식된 이미지의 견고함과 섬세함을 느끼게 된다.

비올라의 비서구 사상과 종교에 대한 관심은 인간의 삶에서 겪게 되는 생명의 여정에 대한 시각을 드러낸다. 그는 인간의 탄생과 죽음 등의 주제를 동양의 종교와 사상에서 찾아 비디오 예술로 표현하고자 하였다. 보이는 인간의 삶과 생명을 넘어서 보이지 않는 어떤 세계에 대한 연구가 비올라의 작품에 주조를 이룬다. 특히 1991년 어머니의 죽음과 아들의 탄생으로 큰 정신적 충격을 겪게 되면서 인간 존재에 대한 질문에 깊숙이 파고들었다.

우리나라 리움(Leeum) 미술관에 소장되어 있는 〈The Veiling〉은 제46회 베니스비엔날레 미국관에 출품한 작품으로, 비올라의 비서구 사상과 종교에 관한 관심을 드러낸다.(그림 44) 반투명

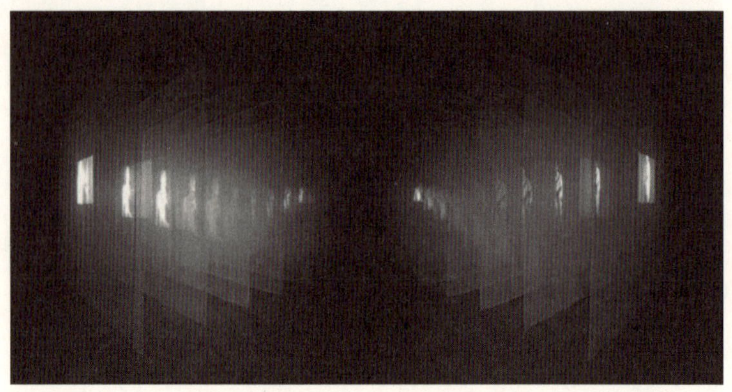

● 그림 44 빌 비올라, 〈The Veiling〉(1995), 350×670×940cm, 혼합매체

한 여러 겹의 얇은 천이 넓고 어두운 방의 중앙에 느슨하게 매달려 있고 공간의 양쪽 끝에는 두 대의 프로젝터가 마주보아서, 겹쳐진 천에 영상을 투사한다. 겹겹이 널려진 천에는 밤의 풍경들이 나오고 남자와 여자 이미지가 다가섰다 물러서는 모습이 겹친다. 흰 베일들에는 어두운 밤에 무엇인가를 찾아 헤매는 남자와 여자의 모습이 각각 투사되고 있다. 서로 다른 장소와 다른 시간에 존재하는 남녀의 영상은 베일에서 중첩되어 만나게 되고 또한 사라지게 된다. 이들은 세상에 태어난 후 육신에 갇혀 현세를 살아가는 인간이 베일을 거슬러가는 과정을 보여준다. 베일의 한겹 한겹은 고행으로 상징되고 있으며, 이러한 고행을 통해 신과 합일을 이루고 성스러움을 회복하려는 종교적 소망을 보여주고 있다. 프로젝터에서 나오는 원추형 빛줄기는 겹겹이 설치된 베일에 의해 공간 속에서 분절된다. 그리고 3차원의 입체적 상태로 확산된다.

두 대의 프로젝터와 여러 겹의 베일로 구성된 이 설치작품은 이슬람교 수피(Sufi)사상을 바탕으로 영혼과 인간 존재에 대해 이야기한다. 수피사상에 따르면 신과 인간 사이에는 7만 장의 베일이 드리워져 있으며 이 수많은 베일을 거쳐야만 비로소 인간이 세상에 태어나는 것이라 한다. 탄생과 함께 잃어버린 영혼의 신성함을 되찾은 것이 이슬람교의 수행 목표이며 이를 비올라는 영상 설치 작품으로 시각화하고 있다.

1990년대 이후 비올라의 작품세계에서 줄곧 등장하고 비중있게 다룬 주제는 죽음에 관한 것이다. 그는 어머니의 죽음과 아들의 탄생을 보고 두 사건이 인간의 삶에 있어 대척 지점에 있는 것이 아니라, 서로 연관되어 순환되고 있다고 보았다. 〈The Passing〉, 〈낭트 삼면화〉, 〈하늘과 땅〉에서 비올라는 생명의 죽음과 탄생에 관한 순환적 고리에 관해 해석했다.(그림 45, 46, 47) 비올라는 어머니의 죽음을 경험한 이후, 자신의 작품에 인간의 보편적 죽음을 나타내는 이미지를 자주 나타냈다. 그는 인간의 육체에서 영혼이 빠져나가며 이승과 작별하는 최후의 순간을 상상했다. 임종 과정에서 그의 경험은 생과 죽음 사이의 간극, 현실과 피안의 세계 사이를 장엄하게 표현하였다. 비올라는 한 개인의 탄생에서 죽음으로 그리고 탄생에 이르는 여정의 단계들을 일종의 자연 현상으로 보았으며, 한 인간의 영적 탄생 과정에도 주목하였다.

또한 어머니의 죽음과 비슷한 시기에 출생한 둘째아들의 존재 사이에 기묘한 인연이 얽혀 있음을 불교적 사상체계로 이해

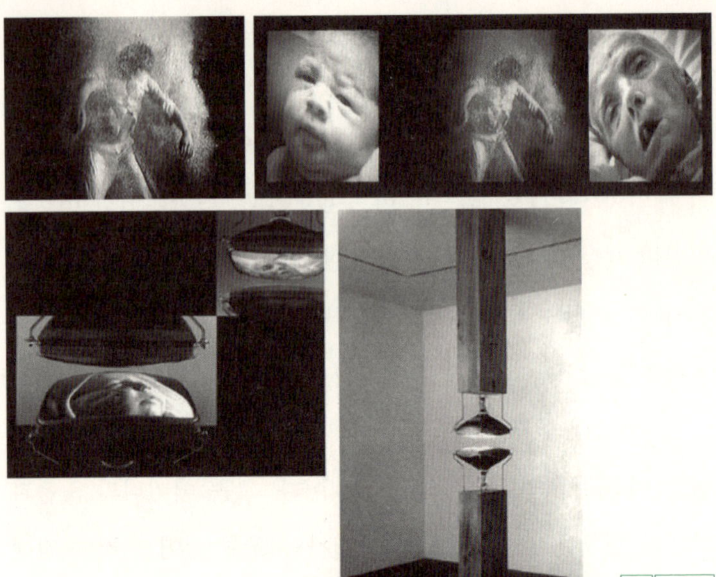

● 그림 45　빌 비올라, 〈The Passing〉(1991), 비디오, 사운드 설치
● 그림 46　빌 비올라, 〈낭트 삼면화 Nantes Triptych〉(1992), 비디오, 사운드 설치, 중앙(3.2×4.2m), 좌우패널(3.2×2.7m)
● 그림 47　빌 비올라, 〈하늘과 땅 The Haven and Earth〉(1992), 비디오 설치, 2.9×4.9×2.2(설치공간)

한다. 비올라는 이 세상에 존재하는 모든 것은 상호 연관되어 있다는 것, 모든 것에는 원인과 결과가 있다는 연기설(緣起說)을 그의 작품에 그대로 드러내고 있다. 비올라가 영향 받은 불교 사상은 1990년대 비디오 작품에서 생명의 문제를 탄생과 죽음, 꿈, 사랑, 욕망 등의 주제를 통해 전달하고 있다. 특히 그는 죽음의 주제를 다루면서 새로운 생명을 위한 전 단계로서 해석하였다. 이는 동양의 윤회사상과 상당히 유사하다. 윤회사상은 자연

만물이 죽은 후에 다른 존재로 태어남을 의미하는 것으로, 죽음을 끝이 아니라 새로운 시작으로 넘어가는 한 단계로 보았다. 새로운 생명을 위한 한 단계로서 죽음의 의미가 잘 표현된 작품이 비올라가 1991년에 제작한 〈The Passing〉이다. 죽음이라는 단계가 생명으로 이어진다는 윤회의 순환성을 보여주는 이 작품은 탄생과 죽음이 서로 분리된 것이 아니라 하나의 과정임을 보여준다. 탄생과 죽음은 하나이며 같은 것으로.

우리는 삶과 죽음 사이에 놓인 막연한 두려움을 가지고 있지만, 비올라는 삶과 죽음의 관계가 순환적 연관성이 있다고 보고 있다. 삶은 가족의 죽음에서 볼 수 있듯이 생명체인 이상 필연적으로 멈추어야 하는 것이지만, 그 멈춤은 또한 새로운 생명의 탄생과 더불어 정지되어 있는 상태가 아니다. 죽음은 다른 생명을 위한 새로운 시작이기 때문이다. 비올라에게 죽음은 항상 전이이며 변형(transformation)이다. 한 생명의 죽음은 다른 생명의 탄생을 위해 필수적인 것이다. 인간은 시간의 흐름에 따라 세포가 바뀌고, 늘 변모하는 존재이다. 자연생태의 질서 속에서 다른 생명체의 죽음은 어떤 생명체에게는 자신들의 생존을 위한 자양이 된다. 이러한 관계는 삶과 죽음의 관계에 적용되며, 상보적 관계이다.

한편, 비올라의 작품에서 죽음이라는 주제와 함께 자주 등장하는 것이 '물'이다. 비올라가 어린 시절 물에 빠져 익사할 뻔했던 기억의 상징으로 죽음을 상징하는 모티브인 물은 비디오의 시간성과 빛의 명멸을 통해 인간이 죽을 수밖에 없는 운명과 새로운 출생의 순간을 의미한다. 물에 대한 표현은 비올라의 개인적 경험에 근거한다. 물에 빠져 익사할 위기에 있었으나 물에 빠진 순간 물속에서 바라본 바깥의 환상적 모습에 관한 기억이 이 작품에 녹아 있다. 눈을 뜬 순간 물속 풍경과 물 위로 반사되는 빛의 아름다움과 자신의 삶에서 가장 순간적이고도 영원한 시간이었다. 기억 속에서는 아주 느린 동작처럼 매우 긴 시간이지만 실제는 아주 짧은 순간. 비올라가 물에 빠졌던 경험은 그가 예술가가 되게 한 근원적 경험이자 통과의례인 동시에 삶과 죽음의 경계에 서게 했던 신비로운 경험이다.

비올라의 작품 속에서 인물들이 물속에서 움직임에 따라 죽음과 출생의 순간을 의미하는 것이다. 인물들이 작품 속에서 위쪽으로 향하는 경우는 보통 물 위로 떠올라 수면을 통과하여 탄생으로 나아가는 것을 상징한다. 반면 인체가 아래쪽을 향하는 경우는 수면 아래로 가라앉아 익사하게 되는 인간으로서 죽음을 은유한 것이다. 삶과 죽음이라는 문제, 다시 말하면, 인간이 공통적으로 겪지 않으면 안 될 운명을 물이 쏟아지는 막을 통과하는 상징적 행위를 통해 은유적으로 드러내고 있다. 물의 막을 통과하는 등장인물의 행위는 인생을 살아가면서 겪게 되는 다양한 통과제의에 대한 은유일 수도 있고 제의나 축제에서 나타나는 문지방의 상징일 수도 있다. 이 공간에서 저 공간으로 나아갈 때 필연적으로 통과하게 되는 문지방들을 의미한다. 이는 마치 〈The Veiling〉에서 베일이 상징하는 통과의례와도 상통한다. 인간의 삶과 생명의 과정 속에서 수없이 통과해야 하는, 그리고 겪어내야만 하는 그 수많은 단계들, 그리고 과정들.

물이 소재로 등장하는 비올라의 작품은 신비스럽고 명상적이고 때로는 시적인 분위기를 자아내는데, 이는 그가 죽음을 바라보는 관점에서 기인하는 것일 것이다. 비올라는 〈The Passing〉을 예로 들면서 자신의 작품세계의 정신성에 대해 다음과 같이 말하였다.

> 삶의 영적인 면은 우리 존재의 기본적인 본질 속에 짜여 있다. 당신은 이것을 감추거나 묻기 위해 선택할 수 있지만 이것은 숨결이나 심장 박동 같은 것이어서 항상 그곳에 있다. 그래서 (…) 거기에는 자각, 계시, 혹은 깨달음의 기회가 항상 있는 것이다. 이 긍정적 잠재력은 자비를 가르치는 불교의 기본 바탕인 것이다.[15]

비올라의 작품 속에서 엿볼 수 있는 이러한 동양적 정신성은 물이라는 소재를 통해 존재와 무존재, 삶과 죽음을 넘나드는 경계로 자리한다. 여기서 물은 인간의 죽음과 유한성을 다루는 데 상당히 시적이면서 명상적이다.

비올라의 작품이 동양적인 것은 그가 다루는 죽음과 물이라는 주제의 해석에서 불교적 사상에 바탕을 두고 있기 때문이지만, 작품 제작 방법에서도 그러하다. 그의 비디오 작품들은 대부분 저속촬영기법으로 처리되었다. 이 기법은 느린 움직임, 느린 말, 침묵에 근접한 '무위'에 가깝다. 그의 작품 속에 등장하는 인물들의 한 장면 한 장면의 느린 움직임은 극히 미세한 변화와 움직임만 관람자가 감지하게 한다. 마치 화폭과 같은 화면 속에서 주인공들은 관람자가 오랜 시간을 바라보지 않으면 그 미세한 움직임을 거의 눈치채지 못할 정도로 느린 속도로 진행된다. 이러한 움직임은 시작도 끝도 명확한 경계가 없이 서로 연관되어 순환된다. 앞으로 오고 있는 이들이나 뒷모습을 보이며 가는 인간들의 모습은 다양하지만, 이들의 움직임은 아주 느린 화면으로 처리되며 뚜렷한 목적과 방향을 제시하지 않고 무의미해 보이는 반복을 통해 나아간다. 이는 마치 죽음을 향해 나아가는 시간을 보여주는 것처럼 인생의 여정을 그리고 있다. 〈The Last Angel〉에서 화면 전체에 어둡고 푸른 물결이 점차 일렁이며 사람의 형체가 갑자기 폭발하는 듯한 웅장한 소리와 함께 수면 아래로 떨어진다. 초현실적이고 시적인 화면은 인간의 모습이 물속으로 떨어지는 장관이 연출되기까지 긴장감이 흐른다.

비올라의 작품을 감상하는 데는 현대의 빠르고 순간적인 요소를 강조하는 시대에 느림과 지속을 필요로 한다. 그의 작품은 관람자의 시선을 오래 잡아두어 오래 머물기를 원한다. 그의 작품 주변에는 오래 서서 관람하거나 앉아서 관람할 수 있도록 의자가 놓여 있다. 그의 비디오 작품들은 느리고 흐릿해서 사색하듯 바라보지 않는 이상 그 형체를 알아보기 어렵다. 컴컴한 전시장 안에 있는 몇 개의 스크린에서 빛나는 희미한 빛과 그 어떤 것도 형체가 분명하지 않은 실루엣이 아른거린다. 마치 인간의 기억이 사라진 곳에 관람자는 서성이고 있는 것이다.

비올라의 작품에서 관람자는 사물을 기억하여 판단하기보다는, 사물의 존재 그 자체를 그대로 느낄 수 있도록 한다. 정상적인 속도를 배 이상으로 늘여놓은 비올라의 비디오 스크린은 우리의 이성적 기억과 판단을 무효화한다. 스크린 너머의 그것이 무엇인가 알아내기 위해 우리는 그저 천천히 기다리는 수밖에 없다. 처음에는 어떤 움직임에 불과했던 무엇인가가 점차 초점을 갖추고 형상을 이루기 시작할 때야 비로소 우리는 그것이 사람임을 인지하게 된다. 의미 없는 움직임에서 인간으로의 변형(transfiguration), 물의 장벽이 마치 인간이 삶의 과정 속에서 뚫어야만 하는 통과의례처럼 마치 탄생의 순간처럼 뚫고 지나는 인간을 마주하며 관람자는 생명의 과정을 느끼게 된다. 삶과 죽음, 기억과 망각의 경계를 넘어서 무수히 연결된 수많은 변모들. 비올라는 인간의 생명 자체가 시간성에 제한되어 있다는 점에 착안하여 비디오 예술의 사이클과 동일시하였다. 비디오 매체의 특성인 빛과 어두움을 생명의 탄생과 죽음의 순간으로 보고, 작품 속에서 인간의 죽음을 비디오의 반복 과정을 통해 화면 속에서 다시 부활시킨다. 이러한 과정을 통해서 비올라는 죽음을 삶의 끝이 아니라 새로운 탄생과 연결되는 과정이라는 해석을 가한다.[16]

또한 비올라는 비디오 작품을 제작할 때 카메라의 성능이 떨어지는 것을 사용함으로 해서, 낡고 흐릿한 영상이 가지는 아름다움에 주목하였다. 인간 육체의 세포나 생각은 늘 변하고 일시적인 상태이다. 인간은 완벽하지도 분명하지도 않은 존재이므로 성능 낮은 비디오카메라로 찍은 뿌연 이미지가 인간 생명의 사이클을 표현하는 데 한층 더 리얼하게 느껴지는 것이다. 테크놀로지를 사용하여 제작된 비디오 작품들은 기술적인 성격이 중요한 요소다. 매체의 공학적 매력과 함께 매체가 주는 새로움에 대한 관심은 동양적 정신성과 결합되어 명상적인 세계를 창출하는데, 이는 동양과 서양 간의 경계를 허문다. 이런 상극적인 지점들 간의 지속적인 관계맺음이 비올라가 작품에서 추구하는 것이다. 생명과 죽음, 빛과 어둠, 영속적인 것과 스쳐지나가는 것, 내적인 것과 외적인 것, 낮과 밤 등의 순환과 흐름 속에서 사물들은 지속적인 변신과 함께 하나의 흔적으로 존재하는 것일 뿐이다.

사회와 생명:
사회 속에서 생명의 의미를 생산하다

보이는 세계에서 그 너머까지

생명이 시각문화에서 재현된 양상들은 개인적인 차원에서부터 사회적·역사적 차원으로까지 그 층위가 다양하다. 그러나 우리의 삶속에서 볼 수 있는 일상적 소재들로부터 보이지 않는 세계까지 생명에 대한 미술가의 생각은 사회적·역사적 맥락을 벗어나기 어렵다. 시각문화에 재현된 생명에 대한 해석을 역사와 사회적 차원에서 비판한 작품들을 살

● 그림 48 구스타브 쿠르베, 〈오르낭의 장례식〉(1850), 유화, 314×663cm

펴봄으로써 생명과 죽음의 시각적 이미지들의 역사성과 사회적 관계성에 대해 살펴보자. 구스타브 쿠르베(Gustave Courbet, 1819~1877)에서부터 출발해보자. 쿠르베의 〈오르낭의 장례식〉은 오르낭 주민으로 구성된 평범한 일상의 장례식을 웅장하고도 엄숙한 역사의 장면으로 그렸다.(그림 48) 정치와 삶, 사회적 현실과 예술적 현실의 문제에 관해 사색한 쿠르베의 리얼리즘(Realism)은 생명과 죽음의 문제에 있어서도 마치 사진으로 기록한 듯한 객관적이고도 관찰을 중시한 태도로 접근하였다. 사실주의 운동의 아버지라 불리는 그는 보이지 않는 것을 표현하는 것에 부정적인 태도를 보인다. 회화란 근본적으로 구체적인 예술이며 실제로 존재하는 사물에만 적용되어야 한다고 믿었다. "나는 천사를 본 적이 없다. 나에게 천사를 보여준다면 그려 보겠다"[17]라는 쿠르베의 말은 그의 회화관(繪畫觀)을 가장 잘 드러내는 것으로, 자신이 보거나 만질 수 있는 것만이 진실한 것이라 간주하였다. 그는 고대의 신이나 여신들, 혹은 영웅들을 그리는 대신, 주변의 농부나 도시의 노동자 계층을 다루었다. 그의 작품에서 생명적인 요소를 전달하는 것은 자신의 삶 속에서의 인간들의 모습이었고, 역사 속에서 찾을 수 있는 인물이나 신(神)이 아니었기 때문이다.

쿠르베의 〈오르낭의 장례식〉이 자신이 속한 사회 속에서 생명과 죽음의 주제를 기록적이고도 관찰적인 태도로 다루었다면, 엘 그레코(El Greco, 1541?~1614)의 〈오르가스 백작의 매장〉은 보이는 세계 너머 인간의 눈으로 확인하고 볼 수 없는 세계까지도 묘사하고 있다.(그림 49) 톨레도(Toledo)의 산토메 교회에는 오르가스 백작의 유해가 있는데, 산토메 교회를 위해 그려진 이 작품에는 성모마리아와 성 요한의 발치에 천사가 죽은 영혼을 맞이하는 모습을 그리고 있다. 작품의 아랫부분에는 아우구스트 성인과 에티엔느 성인이 죽은 사람을 받쳐 들고 있다. 수도사와 사제들, 톨레도의 주요 인사들이 장례식에 참석하고 있는 풍경이 그려져 있다. 한 인간의 생명이라는 것은 죽음과 부활의 과정을 모두 아우르고 있는 초자연적이고 종교적이고 신성한 분위기를 만들고 있기 때문에 객관적이고 사실적으로 장례식의 장면을 묘사해낸 쿠르베의 작품과 상당한 대비를 이루고 있다.

쿠르베가 장례식 장면을 다루면서, 장례식 광경을 객관적이고도 사실적으로 묘사했다면, 엘 그레코의 장례식 장면에서는 장례식 광경과 그 너머의 죽음 이후의 세계까지도 그려내고 있

● 그림 49 엘 그레코, 〈오르가스 백작의 매장〉(1586~88), 캔버스에 유채, 480×360cm

다. 엘 그레코의 보이는 세계에서 보이지 않는 세계로까지의 관심은 오윤의 작품에서도 나타난다. 그러나 오윤의 〈마케팅 I-지옥도〉는 생명 과정에서 죽음과 내세의 과정을 기독교적 세계관을 바탕으로 하지 않고 불교적이고 토착적인 관점이 드러난다.(그림 50) 그는 불화 중에서 지옥의 모습을 표현한 감로탱화의 형식을 현대적으로 재해석하여 지옥도를 제작하였다. 감로탱화는 죽은 자가 지옥에서 벗어나 극락왕생하기를 바라는 의미에서 그려진 불화 형식으로, 삼단 구성 방식으로 한 화면에 세 가지 세계를 표현하고 있다. 상단에는 이상세계를, 중단에는 제사상과 굶어가는 시아귀에게 불교의례를 행하는 모습을, 하단에

● 그림 50 오윤, 〈마케팅 I -지옥도〉(1980), 캔버스에 혼합재료, 131×162cm

는 지옥에서 죄를 지은 죽은 자들이 아귀에 의해 형벌을 받고 죽은 자들이 현실에서 부도덕한 모습과 아귀에게 벌을 받는 모습을 표현하고 있다. 〈마케팅 I-지옥도〉는 감로탱화의 형식을 취하면서 서술적 이야기 구조를 가지고 있다. 1980년대 한국의 정치적 혼란과 급속한 경제성장 속에서 이룩한 근대화가 잉태한 소외감과 서민의 애환 이야기가 하나의 서술적 구조를 만들어내고 있다. 도식화된 구름과 아귀의 생김새, 관복을 입은 과거 벼슬아치들의 모습이 풍자적으로 그려지고 있으며, 직선적이고도 대담한 선과 단순한 색과 면은 소박하고도 향토적인 정서를 느끼게 한다. 이는 격동적이고도 혼란스러운 시대를 살아내야만 했던 민중의 삶과 애환을 잘 표현하고 있다.

또한 오윤은 사회비판적 의미를 전달하기 위해서 만화나 광고 포스터, 대중적 이미지를 작품에 차용하여 현대 소비문화를 풍자하고 비판한다. 대중이 쉽게 접할 수 있는 대중적 이미지들을 변형하고 차용함으로써 서술적 이야기 구조를 극대화하는 효과를 낳고 있다. 그는 미술을 위한 미술의 시각에서 벗어나 미술과 사회와의 접점을 찾으려 했던 작가로 서양미술의 형식과 방법에 대한 한국 작가들의 추종을 극복하고 자생적이고 토착적인 미술작품들을 창조하고자 하였다. 미술의 사회적 기능과 참여에 관심이 많았던 오윤은 미술과 삶, 미술과 정치 등의 이슈를 작품을 통해 드러내면서 생명사상을 강조하였다.

역사적 사실의 재해석화

생명의 다양한 현상을 역사적인 사실 속에서 재해석한 작가들은 생명의 문제를 심리적이고 내면적인 차원에 가두어두는 것이 아니라, 역사적 맥락 안에서 그 의미가 발굴되어야 함을 주장한다. 자크 루이 다비드(Jacques Louis David)는 〈마라의 죽음〉에서 1793년 지롱드 당의 샤를로트 코르데가 마라를 암살한 역사적 비극을 차갑고 밝은 색조와 절제된 빛을 사용하여 그렸다.(그림 51) 욕실에서 마라가 펜을 들고 죽어가는 모습, 바닥에는 피 묻은 칼이 놓여 있고 나무 상자에는 "마라에게, 다비드가 바친다(A MARAT, DAVID)"는 문구가 적혀 있다. 이 작품은 다비드가 마라라는 인물이 자신의 집 욕실에서 척살(刺殺)당한 역사적 사건이 일어난 후 그렸다. 혁명을 이끈 지도

자 마라의 죽음을 국가적 차원에서 기념하기 위해 제작한 이 작품은 마치 그리스도의 순교를 상징하는 것처럼 강렬하다.[18] 오른쪽 배경 끝자락에서 밝게 비추는 빛은 마치 마라의 죽음이 종교적 숭고함을 지니고 있는 듯, 영원한 생명성을 지니고 있는 듯 보인다.

테오도르 제리코(Théodore Géricault, 1791~1824)는 1816년 세네갈로 향하던 프랑스 함대의 난파 사건에서 생존한 이들이 귀환하는 순간을 〈메두사 호의 뗏목〉에서 그렸다.(그림 52) 생명을 위해 절규하고 있는 인간의 모습에서 극단적 희망과 절망이 교차하는 작품이다. 당시 정치적 파문을 일으키고 있던 배의 조난사고를 기념하여 제작된 이 작품은 대략 7×5미터 되는 거대한 캔버스에 제작되었다. 프랑스 식민지였던 세네갈로 프랑스인들을 나르던 국영 이민선인 메두사 호가 서부 해안에서 조난당하게 되자, 선장과 선원들이 구호선에 도피한 후 임시로 만든 뗏목에 149명의 승객을 싣고서 밧줄로 끌고 가기로 했다. 승객들이 적도 아래서 12일 동안 표류하면서 고초를 겪게 되었다. 제리코는 이 사건을 취재하는 과정에서 생존자를 만나면서 기아 때문에 서로 잡아먹기에 이르렀던 무시무시한 체험담을 듣게 되었다. 제리코는 인간이 죽음을 직면하는 과정 속에서 겪게 되는 여러 모습과 장면을 실제 재현하기 위해 시체 공시소에 가서 부패한 시체를 관찰하였고, 보호 수용소에서 미치광이들의 얼굴과 단두대에서 처형당한 죄수들의 머리를 직접 스케치하였다. 사람들이 살아남기 위해 어떻게 격렬히 투쟁하는지 보여준

● 그림 51 다비드, 〈마라의 죽음〉(1793), 캔버스에 유채, 162×127cm
● 그림 52 제리코, 〈메두사 호의 뗏목〉(1818~19), 캔버스에 유채, 490×716cm

다. 제리코의 낭만적 감수성이 극적으로 드러나고 서사적 드라마에 활기를 불어넣는 작품이다.

또한 외젠 들라크루아(Eugène Delacroix)의 〈민중을 이끄는 자유의 여신〉은 1830년 7월 혁명의 현장을 생생하게 그리고 있다. 프랑스 대혁명 이후 입헌군주제를 부인하고 왕정체제로 복귀하려는 샤를 10세의 7월 칙령에 반대하여 일어난 시민들의 봉기를 다루고 있다. 들라크루아는 이 작품에서 자유를 상징하는 여인뿐만 아니라, 혁명으로 인해 죽어가는 사상자들을 알레고리 형식을 도입하여 그리고 있다.(그림 53) 그는 관람자의 모든 감각을 동원해, 생명과 죽음이 하나로 어우러지는 극적 상황을 재현하고 있다. 전투의 처참한 현장에서 붉은색의 깃발은 혁명의 뜨거움과 자유를 향한 열정을 상징적으로 드러낸다.

1808년 프랑스군이 스페인 수도 마드리드를 점령하여 체포된 민중을 총살하고 있는 무자비한 처형을 그린 프란시스코 고야(Francisco Goya)의 〈1808년 5월 3일〉도 역사적인 사건들을 극적으로 재현해 보이고 있다.(그림 54) 죽음을 눈앞에 둔 사람들의 절망과 공포, 총살로 죽음을 맞고 있는 극적 장면들을 생생하게 증언하고 있다. 고야의 작품과 주제의 표현상에서 유사성을 가지고 있는 파블로 피카소(Pablo Picasso)의 작품 〈한국에서의 학살〉은 정치적 이데올로기의 대립에 의해 희생된 수많은 사람들의 죽음을 표현한다.(그림 55) 이 작품은 한국전쟁 중 황해도 신천에서 일어난 대학살을 소재로 한국전의 참상을 고발하고 있다. 갑옷을 입은 듯한 군인들이 총칼을 사람들에게 겨누어 여인

● 그림 53 들라크루아, 〈민중을 이끄는 자유의 여신〉(1830), 유화, 325×260cm
● 그림 54 고야, 〈1808년 5월 3일〉(1814), 캔버스에 유채, 266×345cm

과 아이들이 공포와 두려움에 휩싸여 있는 모습은 생명을 위협하는 전쟁의 참혹상을 고발한다. 이 작품은 또한 에드와드 마네(Édouard Manet)의 〈막시밀리안의 처형〉에서 나타난 구도와 소재가 유사하다.

피카소가 〈한국에서의 학살〉에서 보여준 전쟁의 참상을 고발하고자 하는 정신은 스페인 내전의 참상을 그린 〈게르니카(Guernica)〉에서 두드러지게 나타난다. 〈게르니카〉는 1937년 독일군이 스페인 북부 바스크 지역(Basque Country)의 게르니카 마을을 폭격한 사건에 대한 분노와 항의를 추상적인 형태로 표현하고 있다.(그림 56) 스페인 내란 중 파시스트 독재자인 프랑코(Franco) 총통은 나치의 폭격기를 동원해 바스크 지방의 작은 도시 게르니카를 폭격했다. 이들은 3시간 동안 폭탄을 퍼부어 2천 명이 넘는 시민을 학살하고 수천 명의 부상자를 만들어 마을을 쑥대밭으로 만들었다. 피카소는 이 소식을 듣고 분노해 7.8미터, 높이 3.5미터의 벽화를 한 달 만에 완성했고, 전쟁에 의해 참혹하게 죽어가는 생명들의 비참함과 고통을 다루고 있다. 피카소에게 있어 회화작품이란 집안의 실내를 아름답게 장식하는 데 그치는 것이 아니라, 사회의 부조리와 모순을 드러내고 이를 방어하는 전쟁의 무기가 될 수 있는 것이다. 그는 인간이 전쟁을 겪으면서 느끼게 되는 참혹함과 절망감을 표현하기 위해 현란한 원색들을 사용하는 것을 피하고, 흑, 백, 회색의 색상만을 사용하였으며, 인간들이 전쟁을 통해 당한 폭력을 연상시키도록 인물들의 형태를 의도적으로 비틀고 왜곡되게 표현하였다.

● 그림 55 파블로 피카소, 〈한국에서의 학살〉(1951), 캔버스에 유채, 109.5×209.5cm
● 그림 56 파블로 피카소, 〈게르니카〉(1937), 캔버스에 유채, 782×351cm

미술의 역사에서 〈게르니카〉는 입체파(Cubism)의 양식이 잘 드러나는 작품이다. 파사주(Passage)*와 다시점적인 접근 방식이 이 작품에서 적용되고 있는데, 이는 아프리카 마스크에서 볼 수

* 입체파(Cubism) 작품에서 볼 수 있는 조형 양식으로 인접된 형태들이 파편화된 면으로 서로 연결된 표현 방식이다.

● 그림 57 아프리카 마스크

있는 쐐기 모양의 코와 아몬드 같은 다이아몬드 모양의 눈 등에서도 발견할 수 있는 조형적 양식이다. 아프리카 미술에서 볼 수 있는 조형적 양식들이 입체파에 영향을 미쳤다는 사실은 미술의 역사에서 종종 거론되고 있는 부분이다.(그림 57) 들쑥날쑥한 선과 뾰족하게 파편화된 면들이 조합되어 피라미드 구성처럼 통합하고 있는데, 이는 폭력에 의해 인간이 겪게 되는 생명에 대한 위험, 혼란스러움, 공포 등을 드러내고 있다. 피카소는 화면의 아랫부분에 목이 베인 군인과 죽은 아이를 품은 어머니의 울부짖는 모습을 통해 죽음에 직면한 인간의 절규를 적나라하게 전달한다. 부러진 칼을 꼭 쥐고 있는 잘린 팔은 패배를 암시하고 있고, 황소는 잔인함과 어두움, 그리고 파시즘을 상징한다. 화면의 중앙에 위치한 말은 민중을 상징하고 있다.

삶과 분리되지 않는 확장된 개념의 미술: 사회조각

사회조각의 영역을 구축한 요셉 보이스(Joseph Beuys)의 작품세계는 생명의 문제를 통해 생태학적 사고로 확장하였다. 그가 이 주제에 관심을 가질 수 있었던 것은 제2차 세계대전에 참전하여 조난당한 개인적 경험에서 비롯된 것이다. 러시아 지역 타타르족과의 만남은 죽음의 문턱에 다다른 그에게 펠트천(felt)과 지방을 통해 자신의 생명을 회복했다고 믿게 되었으며, 그에게 생명에 관한 생각을 확장시키는 계기가 되었다. 그는 삶과 죽음 사이의 문턱 체험을 통해서 자기 자신의 존재를 다시 받아들이게 되었고 이러한 경험은 그의 예술세계에 그대로 전이되었다. 제2차 세계대전 이후 그는 삶과 죽음에 대한 불안과 공포, 그리고 좌절을 경험하게 되면서 공공조각을 배웠으며 독일의 사상가 루돌프 슈타이너(Rudolf Steiner)에게 영향 받아 예술과 치유, 그리고 사회적 기능에 대한 관심을 확장시킬 수 있었다. 1960년대 초반부터는 플럭서스(Fluxus)* 그룹에서 활동하게 되면서 전통적 의미의 미술 개념을 뛰어넘는 작품들을 선보이기 시작하였다. 보이스는 기존의 모더니즘에서 강조하는 매체의 특수성(medium-specificity)을 부정하고 비정통적 물질과 재료를 사용하여 환경 속에서 물질재료가 갖는 관계를 성찰하고 치유를 위한 대안 문화 창조로서 예술의 역할에 주목하였다.

* 1960년대 뉴욕을 중심으로 음악가, 화가, 시인, 무용가, 영화작가 등이 참여한 반예술적 전위운동이다.

보이스는 미술을 위한 미술에 대한 관점을 넘어서서, 삶과 분리되지 않는 미술을 실천하고자 하였다. 그가 제작한 작품들의 내용과 주제들도 거의 인간의 존재와 실종의 의미와 본질을 찾기 위한 질문이었고, 이를 위해서 자연과학과 인문학 등 다양한 영역을 아우르는 지적 통섭(consilience)을 작품 안에서 실현하고자 하였다. 이러한 통합적 사고 과정을 통해 생명의 힘에 대한 관심을 가졌으며, 삶과 예술에 있어서 깨달음의 중요성을 인식하였다.*

보이스는 〈펠트 천〉과 〈기름이 있는 의자〉에서 순환적 에너지가 갖는 물질에 대해 관심을 보였다.(그림 58, 59, 60) 1944년 크림반도에서 급강하 폭격기 추락 사고로 타타르인들에 의해 구출되는 과정에서 그들이 몸에 기름을 비벼 바른 후 펠트 천으로 감싸주어 생명을 건질 수 있었다. 그는 이러한 민간요법을 통한 치유 과정으로 물질이 가지고 있는 본질을 깨닫게 되었다. 펠트천은 거칠고 값이 싼 것으로 다양한 자투리 천을 잘게 자르고 부수고 뒤섞어서 거의 가루와 같은 섬유성분으로 전환한 다음 열과 압력, 화학작용을 이용해 얇게 펴 압착한 것이다. 이는 보호, 격리, 신체적, 정신적 온기를 상징한다. 기름덩어리는 온

* 보이스에게 있어서 깨달음은 다음과 같은 의미를 가진다. "어떤 꾀나 편리함이 허용되지 않으며 그래서 그저 겪을 수밖에 없는 순수한 마주침. 그 마주침 속에서 자신이 깨져야 비로소 깨칠 수 있다."(전선자, 「요셉 보이스의 확장된 미술개념과 대안문화: 그의 종교적 생태학적 작품을 중심으로」, 『서양미술사학회논문집』 제29집, 2008, 131-161쪽)

58 59 60
61

● 그림 58 요셉 보이스, 〈담요 의복〉(1970), 170×100cm
● 그림 59 요셉 보이스, 〈기름이 있는 의자〉(1954)
● 그림 60 요셉 보이스, 〈지방 의자〉(1954~55), 혼합매체
● 그림 61 요셉 보이스, 〈유라시아〉(1963), 혼합매체

도와 시간에 의해 중재된 운동에너지 법칙에 의한 고체와 액체로 존재할 수 있는 유형과 무형, 즉 삶과 죽음, 인간의 감정과 정신의 변화를 상징한다. 그의 통합적 사고 과정은 물질과 정신의 통합을 추구한다.

〈유라시아〉 연작은 보이스의 사회에 대한 날카로운 비판의식을 보여준다.(그림 61) 1960년대 중반 이후, 독일은 극심한 냉전체제와 베트남전에 대해 유럽 대학생들이 극심하게 저항하던 시기로 그들의 반미시위는 타 문화권에 대한 관심과 사회적 문제에 대한 변화를 요구하게 되어 독일학생당이 창당되기에 이르렀다. 이들은 근대 자본주의가 만들어낸 병폐에 대해 거부하고 유럽사회의 비이념화, 비무장화, 그리고 교육, 문화, 연구 활동에서 이념을 초월한 이상주의적이고 평화주의적인 진보적 입장을 피력하였다.[19] 그리고 보이스는 동(東)과 서(西)의 교류, 자본주의와 사회주의의 교류, 유럽과 아시아의 교류 등을 주창하는 유라시아의 창립을 주장하였고, 이 이상주의적 이념을 형상화하여 〈유라시아-시베리아 심포니, 유라시아 장대〉 등의 작품을 발표하였다. 〈유라시아〉 연작은 10여 년이 넘도록 조각, 퍼포먼스로 수정되고 진행되어 보이스의 유토피아 개념과 정치적 의지가 진솔하게 표현되어 있다. 죽은 토끼와 십자가가 이 작품에서 등장하게 되어 보이스의 생명에 관한 관점을 보여준다. 토끼에 대한 의미는 문화권에 따라 상당히 다르게 해석될 수 있지만, 보이스에게 있어 토끼는 육화(肉化, incarnation)의 상징으로서, 그리고 평화와 구원의 상징으로서 의미가 있다. 또한 토끼는 육화의 원칙으로서, 운동의 원칙으로서, 화학적 물질의 구체화로서 순환적 존재이다. 토끼는 스스로 웅덩이를 파서 파묻고, 땅으로 돌아간다. 또한 보이스가 조난당했을 때 타타르족의 간호로 의식을 찾아 눈을 뜬 순간 본 것이 토끼 모양의 촛불이었고 이러한 개인적 체험과 토끼의 습성은 생명과 부활, 치유라는 의미

로 보이스의 작품 속에 녹아 있다.[20]

한편 〈유라시아〉에서 등장하는 십자가는 인간적인 것과 신적인 천성이 모두 합일되는 것을 의미한다. 그것은 인간의 삶과 영혼을 치유하는 의미를 가진다. 수난당하고 십자가에 죽은 그리스도의 표상은 신비적 정사각형의 십자가 기호로 표현되었다. 십자가에서 교차하는 종과 횡의 두 축은 역사적 맥락에서 그리스도의 역사적 사건이 돌연변이처럼 변성을 일으키는 비유이다. 십자가에서 종과 횡적 방향의 연합은 양극 에너지 법칙을 드러내는 것이다. 질료와 정신, 결정질과 무결정질, 냉기와 온기, 수축과 팽창, 동과 서, 축소와 팽창, 추상적 사고와 감성적 직관이라는 반대되는 에너지들이 서로 대립되는 것이 아니라 일치를 위해 존재하고 있음을 보여주는 것이다. 양극적인 요소들이 서로 순환되는 초공간적 조각과 조형 원리는 보이스가 주창하는 확장된 개념의 사회적 조각을 의미한다.

이상에서 살펴본 바와 같이, 보이스의 작품에 자주 등장하고 있는 지방, 펠트, 토끼는 치유, 생명, 부활이라는 의미를 지니고 있음을 그의 다양한 실험적 작품들을 보면서 알 수 있다. 또한 보이스는 미술의 전통적이고 경직된 장르 개념에 의문을 제기하고 아방가르드적 작품들을 새롭게 실험함으로 해서, 예술과 사회와의 관계에 주목했으며, 이를 통한 예술교육, 사회 변화와 참여 등에 대한 정치적 활동에도 관심을 가졌다. 그는 이념전쟁에 의해 사회적 분열보다는 대부분의 인간이 보편적 삶을 보장 받을 수 있는 자유와 평화를 추구해야 한다고 믿었으며, 이를 위해 행위 프로젝트를 정치 활동과 연계하여 시도하였다. 보이스는 예술을 위한 예술보다는 예술을 통한 사회의 변화를 추구하면서 자신의 작품세계를 확장해 나감으로써 예술과 사회, 역사와의 접점을 시도했던 작가이다.

주

삶이란 이름의 생명

1 에르빈 슈뢰딩거, 『생명이란 무엇인가』, 전대호 역, 궁리, 2007, 115-149쪽.

2 S. Goldberg, *Consciousness, Information, and Meaning: The Origin of the Mind*, MedMaster, 1998, pp.69-71.

3 우희종, 「생명조작에 대한 연기적 관점」, 『불교학연구』 15호, 한국불교연구회, 2006, 55-93쪽.

4 C. Debru, "From nineteenth century ideas on reduction in physiology to non-reductive explanations in twentieth-century biochemistry," in Marc H.V. Van Regenmortel & David Hull, eds., *Promises and Limits of Reductionism in the Biomedical Sciences*, John Wiley & Sons, 2002, pp.35-46; Tim Forsyth, *Critical Political Ecology: The Politics of Environmental Science*, Routledge, 2003, pp.168-201; 캐롤린 머천트, 『래디컬 에콜로지』, 허남혁 역, 이후, 2001, 72-94쪽.

5 I. Cohen, *Tending Adam's Garden: Evolving the Cognitive Immune Self*, Academic Press, 2000, pp.3-8.

6 마누엘 데란다, 『강도의 과학과 잠재성의 철학: 잠재성에서 현실성으로』, 이정우·김영범 역, 그린비, 2009, 99-168쪽.

7 미셸 푸코, 『임상의학의 탄생』, 홍성민 역, 인간사랑, 1993, 162-216쪽.

8 A. Tauber, *The Immune Self, Theory or Metaphor?*, Cambridge University Press, 1994, p.295.

9 H. Marcuse, *Hegel's Ontology and the Theory of Historicity*, S. Benhabib, trans., MIT Press, 1987, pp.264-275.

10 Rick C. Looijen, *Holism and Reductionism in Biology and Ecology: The Mutual Dependence of Higher and Lower Level Research Programmes*(Episteme 23), Kluwer Academic Publishers, 2000.

11 정준영 · 한자경 · 이덕진 · 박찬국 · 권석만 · 우희종, 『욕망: 삶의 동력인가 괴로움의 뿌리인가』, 운주사, 2008, 295-308쪽.

12 존 라이크만, 『들뢰즈 커넥션』, 현실문화연구, 2005, 102-106쪽.

13 E.O. Wilson, *Sociobiology* (Abr. ed.), Belknap Press, 1980; 윌슨, 『통섭』, 사이언스북스, 2005, 14-17쪽.

14 매트 리들리, 『본성과 양육』, 김한영 역, 김영사, 2004, 323-346쪽.

15 바라바시, 『링크』, 강병남 · 김기훈 역, 동아시아, 2002, 311-313쪽.

16 질 들뢰즈, 『차이와 반복』, 김상환 역, 민음사, 2004, 220-282, 614-633쪽.

17 S.P. Springer & G. Deutsch, *Left Brain, Right Brain: Perspectives from Cognitive Neuroscience* (5th ed.), Freeman and Company, 1998, pp.259-261.

18 M. Jones, *The Molecule Hunt: Archaeology and the Search for Ancient DNA*, Arcade Publishing, 2001, pp.131-164.

19 Rick C. Looijen, op. cit.

20 C. Canestro, H. Yokoi, & J.H. Postlethwait, "Evolutionary developmental biology and genomics," *Nat Rev Genet*. 8:932-942, 2007; G.B. Müller, "Evo-devo: extending the evolutionary synthesis," *Nat Rev Genet*. 8:943-949, 2007.

21 G.H. Kieffer, *Bioethics; A Textbook of Issues*, Addison-Wesley, 1979, pp.18-21; M.F. Bear, B.W. Connors, & M.A. Paradiso, *Neuroscience*(3rd ed.), Lippincott, 2007, pp.168-170.

22 Ibid., pp.168-169.

23 G.W. Litman, J.P. Cannon, & L.J. Dishaw, "Reconstructing immune phylogeny: new perspectives," *Nat Rev Immunol*. 5:866-879, 2005.

24 R.J. Turner, *Immunology: A Comparative Approach*, Wiley, 1994, pp.173-213.

25 리처드 르원틴, 『DNA 독트린』, 김동광 역, 궁리, 2001, 109-152쪽.

26 존 벡위드, 『과학과 사회운동 사이에서: 68에서 게놈프로젝트까지』, 이영희 · 김동광 · 김명진 역, 그린비, 2009, 162-171쪽.

27 우희종, 「즐거운 과학기술의 달콤한 유혹」, 『문화과학』 60호, 2009, 319-339쪽.

28 우희종, 「삶의 자세와 십자가의 의미」, 한국교수불자연합회 · 한국기독자교수협의회 공편, 『인류의 스승으로서 붓다와 예수』, 동연, 2006, 28-33쪽.

29 이언 해킹, 『표상하기와 개입하기: 자연과학철학의 입문적 주제들』, 이상원 역, 한울아카데미, 2005, 68-84쪽.

30 Derek Gjertsen, *Science and Philosophy: Past and Present*, Penguin, 1989, pp.29-50.

31 Joan Fujimura, "Crafting science: standardized packages, boundary objects and 'Translation'," Andrew Pickering, ed., *Science as Practice and Culture*, University of Chicago Press, 1992, pp.168-211.

32 Bruno Latour & Steve Woolgar, "The cycle of credibility," Barry Barnes & David Edge, eds., *Science in Context*, MIT Press, 1982, pp.35-43; 김환석, 『과학사회학의 쟁점들』, 문학과지성사, 2006.

33 우희종, 「미국산 쇠고기 수입 확대와 과학문화: 하나의 대국민 사기사건」, 전기 한국과학기술학회 발표 논문, 가톨릭대학교, 2010.

34 아쿠타가와 류노스케(芥川龍之介), 라쇼몽(羅生門), 1915.

35 Z. Khalpey, C.A. Koch, & J.L. Platt, "Xenograft transplantation," *Anesthesiol Clin North Amer*. 22(4):871-885, 2004.

36 J-Y. Deschamps, F.A. Roux, P. Saï, & E. Gouin, "History of xenotransplantation," *Xenotransplantation*, 12:91-109, 2005.

37 J. Svennilson, "Novel approaches in GVHD therapy," *Bone Marrow Transplant*, 35(S1):S65-67, 2005.

38 리처드 르원틴, 『DNA 독트린』, 김동광 역, 궁리, 2001, 197-217쪽.

39 스티븐 제이 굴드, 『생명, 그 경이로움에 대하여』, 김동광 역, 경문사, 2004, 56-69쪽.

40 에드워드 윌슨, 『통섭: 지식의 대통합』, 최재천·장대익 역, 사이언스북스, 2005, 14-17쪽.

41 장 지글러, 『탐욕의 시대』, 양영란 역, 갈라파고스, 2005, 79-147쪽.

42 아이린 칸, 『들리지 않는 진실: 빈곤과 진실』, 우진하 역, 바오밥, 2009, 215-245쪽.

43 하워드 L. 케이, 『현대 생물학의 사회적 의미』, 생물학의 역사와 철학 연구모임 역, 뿌리와이파리, 2008, 254-285쪽.

44 James D. Watson & Francis H.C. Crick, "A Structure for Deoxyribose Nucleic Acids," *Nature*, 171:737-738, 1953.

45 Masayuki Horie, Tomoyuki Honda, Yoshiyuki Suzuki, Yuki Kobayashi, Takuji Daito, Tatsuo Oshida, Kazuyoshi Ikuta, Patric Jern, Takashi Gojobori, John M. Coffin, & Keizo Tomonaga, "Endogenous non-retroviral RNA virus elements in mammalian genomes," *Nature*, 463:84-87, 2010.

46 데이비드 J. 린든, 『우연한 마음: 아이스크림콘처럼 진화한 우리 뇌의 경이와 불완전함』, 김한영 역, 시스테마, 2009, 15-35쪽.

47 알바 노에, 『뇌과학의 함정: 인간에 관한 가장 위험한 착각에 관하여』, 김미선 역, 갤리온, 2009, 27-55쪽.

48 David J. Buller, *Adapting Minds: Evolutionary Psychology and the Persistent Quest for Human Nature*, MIT Press, 2005, pp.127-200.

49 The Ethical, Legal, and Social Issues (ELSI) by NIH, http://www.ornl.gov/sci/techresources/Human_Genome/elsi/elsi.shtml (2010. 2. 1. 확인).

50 Rodrigo Morales, Karim Abid, & Claudio Soto, "The prion strain phenomenon: Molecular basis and unprecedented features," *Biochim Biophys Acta*. 1772(6):681-691, 2007.

51 Pablo Landgraf, Mirabela Rusu, Robert Sheridan, Alain Sewer, Nicola Iovino, Alexei Aravin, Sébastien Pfeffer, Amanda Rice, Alice O. Kamphorst, Markus Landthaler, Carolina Lin, Nicholas D. Socci, Leandro Hermida, Valerio Fulci, Sabina Chiaretti, Robin Foà, Julia Schliwka, Uta Fuchs, Astrid Novosel, Roman-Ulrich Müller, Bernhard Schermer, Ute Bissels, Jason Inman, Quang Phan, Minchen Chien, David B. Weir, Ruchi Choksi, Gabriella De Vita, Daniela Frezzetti, Hans-Ingo Trompeter, Veit Hornung, Grace Teng, Gunther Hartmann, Miklos Palkovits, Roberto Di Lauro, Peter Wernet, Giuseppe Macino, Charles E. Rogler, James W. Nagle, Jingyue Ju, F. Nina Papavasiliou, Thomas Benzing, Peter Lichter, Wayne Tam, Michael J. Brownstein, Andreas Bosio, Arndt Borkhardt, James J. Russo, Chris Sander, Mihaela Zavolan, & Thomas Tuschl, "A Mammalian microRNA Expression Atlas Based on Small RNA Library Sequencing," *Cell*. 129(7):1401-1414, 2007.

52 C. David Allis, Thomas Jenuwein, Danny Reinberg, & Marie-Laure Caparros, eds., *Epigenetics*, Cold Spring Harbor Laboratory Press, 2007, pp.23-61.

53 Valdur Saks, Claire Monge, & Rita Guzun, "Philosophical basis and some historical aspects of systems biology: from hegel to noble-applications for bioenergetic research," *International Journal of Molecular Science*, 10(3):1161-1192, 2009.

54 John Chaston & Heidi Goodrich-Blair, "Common trends in mutualism revealed by model associations between invertebrates and bacteria," *FEMS Microbiology Reviews*, 34(1):41-58, 2009.

55 프란스 드 발, 『내 안의 유인원』, 이충호 옮김, 김영사, 2005, 32-74쪽.

56 Sarah Hrdy, *Mother Nature: Maternal Instincts and How They Shape the Human*

Species, Ballantine Books, 2000, pp.5-510.

57 M. Newman, A.-L. Barabási, & D.J. Watts, *The Structure and Dynamics of Networks* (Princeton Studies in Complexity), Princeton University Press, 2006, pp.1-19; U. Alon, *An Introduction to Systems Biology: Design Principles of Biological Circuits*, Chapman & Hall/CRC, 2007.

58 S.D. Mitchell, *Biological Complexity and Integrative Pluralism*, Cambridge University Press, 2003, pp.167-178.

59 M. Newman, "Power laws, Pareto distributions and Zipf's law," *Contemporary Physics* 46:323-351, 2005.

60 A.-L. Barabási, R. Albert, "Emergence of scaling in random networks," *Science* 286:509-512, 1999.

61 D.J. Watts, *Small Worlds: The Dynamics of Networks between Order and Randomness*, Princeton University Press, 1999, pp.229-239; M. Newman, A.-L. Barabási, D.J. Watts, *The Structure and Dynamics of Networks*, Princeton University Press, 2006; 마크 뷰캐넌, 『넥서스』, 강수정 옮김, 세종연구원, 2003, 179-188쪽.

62 M.A. Jobling, M.E. Hurles, C.T. Smith, E. Hollox, & T. Kivisild, *Human Evolutionary Genetics*, Garland Science, 2004, pp.235-267.

63 D.C. Andrus, "The Wiki and the Blog: Toward a complex adaptive intelligence community," *Stud. Intelligence*, 49(3):9, 2005.

64 데이비드 베레비, 『우리와 그들, 무리짓기에 대한 착각』, 정준형 옮김, 에코 리브르, 2007, 69-92쪽; 김귀옥·김순영·배은경 편, 『젠더연구의 방법과 사회분석』, 다해, 2006, 19-42쪽.

65 장회익, 『삶과 온생명』, 솔, 1998, 178-197쪽.

66 클라우스 에메케, 『기계속의 생명』, 오은아 옮김, 이제이북스, 2004, 32-36쪽.

67 헬레나 노르베리, 『오래된 미래』, 박미경 옮김, 녹색평론사, 2001, 225쪽; 데이비드 벨, 『정치생태학』, 정규호 외 옮김, 당대, 2005, 333-353쪽.

68 우희종, 『생명과학과 선』, 미토스, 2006, 204-207쪽.

69 마크 쿨란스키, 『비폭력』, 전제아 옮김, 을유문화사, 2007, 19쪽.

70 J.C. Ameisen, *When Cells Die*, R.A. Lockshin, Z. Zakeri, & J.L. Tilly, eds., Wiley-Liss, 1998, pp.3-56.

71 S. Best & D. Kellner, *Postmodern Theory: Critical Interrogations*, Guilford, 1991, pp.86-97.

72 김석, 『에크리: 라캉으로 이끄는 마법의 문자들』, 살림, 2007, 54-56쪽.

73 메를로 퐁티, 『지각의 현상학』, 류의근 옮김, 문학과지성사, 2002, 240-243쪽.

74 템플 그랜딘, 캐서린 존슨, 『동물과의 대화』, 권도승 옮김, 샘터, 2006, 191쪽.

75 키스 피어슨, 『싹트는 생명: 들뢰즈의 차이와 반복』, 이정우 옮김, 산해, 2005, 407-414쪽.

76 질 들뢰즈, 펠릭스 가타리, 『천개의 고원』, 김재인 옮김, 새물결, 2001, 482쪽.

77 S. Camazine, J.-L. Deneubourg, N.R. Franks, J. Sneyd, G. Theraula, & E. Bonabeau, *Self-Organization in Biological Systems*, Princeton University Press, 2003, pp.29-45.

78 도법, 『그물코 인생, 그물코 사랑』, 불광출판사, 2008.

79 김세균 · 홍세화 · 손호철 · 강내희 · 광현 · 조희연 · 우희종 · 이도흠 · 하승수, 『사상이 필요하다』, 글항아리, 2013, 242-247쪽.

80 B. Latour & S. Woolgar, "The cycle of credibility," Barry Barnes & David Edge, eds., *Science in Context*, MIT Press, 1982, pp.35-43.

81 S. Fuller, *Social Epistemology*, Indiana University Press, 2002, pp.263-287.

82 S. Herbert, "A Mechanism for social selection and successful altruism," *Science* 250(4988):1665-1668, 1990; G. Gigerenzer & R. Selten, *Bounded Rationality: The Adaptive Toolbox*, MIT Press, 2002, pp.13-35.

83 성철, 『頓者除妄念 悟者悟無所得』, 돈오입도요문론 강설, 장경각, 1986, 17쪽.

84 우희종, 「삶의 주체인 생명, 깨어있는 참여로 가다」, 김세균 엮음, 『서울대 명품 강의: 우리의 삶과 사회를 새롭게 이해하는 석학강좌』, 글항아리, 2010, 75-92쪽.

생명과 진화

1 D. Dennett, *Darwin's Dangerous Ider: Evolution and the Meanings of Life*, Simon &Schuster, 1995, p.10.

시각문화에 재현된 생명

1 이성도 외 3인, 『전통미술문화교육』, 미진사, 2005, 150-154쪽.

2 위의 책, 150-154쪽.

3 강민기 외 5인, 『한국미술문화의 이해』, 예경, 2006, 153쪽.

4 위의 책, 150-154쪽.

5 이성도 외 3인, 앞의 책, 153-154쪽.

6 김혜숙, 「불상조각의 문화교육적 이해」, 『미술교육연구논총』 제23집, 2008, 116-117쪽.

7 우희종, 「진화론적 시각과 불교의 연기적 관점의 만남」, 『종교문화연구』 제13호, 2009, 139-140쪽.

8 김현화, 『현대미술 골고다의 초대』, 숙명여자대학교출판국, 2004, 136-138쪽.

9 H.W. 잰슨·A.F. 잰슨, 『서양미술사』, 최기득 옮김, 미진사, 1991, 53쪽.

10 곰브리치, 『서양미술사』, 백승길·이종숭 옮김, 예경, 2005; H.W. 잰슨·A.F. 잰슨, 『서양미술사』, 최기득 옮김, 미진사, 1991, 53쪽.

11 인천가톨릭대학교 종교미술학부 편, 『십자가』, 학연문화사, 2006, 21-22쪽.

12 위의 책, 34쪽.

13 위의 책, 39쪽.

14 위의 책, 83-85쪽.

15 Bill Viola, 함양아와의 인터뷰, 『월간미술』 2003년 4월호, 139쪽.

16 김세리, 「빌 비올라의 작품들에 드러난 동양적 정신성 연구: 랄랑티(ralenti, 저속촬영) 기법을 중심으로」, 『미학·예술학 연구』 제20집, 2004, 285쪽.

17 H.W. 잰슨·A.F. 잰슨 지음, 앞의 책, 429쪽.

18 H.W. 잰슨·A.F. 잰슨 지음, 앞의 책, 395쪽.

19 김재원, 「요셉 보이스의 유토피아와 그 (정치적) 실현을 향한 여정」, 『현대미술논집』 제24호, 2008, 144쪽.

20 위의 글, 139-166쪽.

더 읽을거리

『생명의 음악: 생명이란 무엇인가』 데니스 노블 지음, 이정모·염재범 옮김, 열린과학, 2009
유전자 자체가 생명이 아니라 신체 및 환경 등의 상호작용을 통해 통합적 관점을 알기 쉽게 설명해준다.

『차이와 반복』 질 들뢰즈 지음, 김상환 옮김, 민음사, 2004
니체와 베르그송의 계보를 이어 진행되는 관계론적 입장에서 욕망과 더불어 생명 현상과 연계되는 잠재성, 다양체, 분화, 개체화 등의 개념을 다룬 책이다.

『세상은 생각보다 단순하다』 마크 뷰캐넌 지음, 김희봉 옮김, 지호, 2004
주변에서 쉽게 볼 수 있는 여러 복잡계 현상의 대표적 사례를 중심으로 매우 알기 쉽게 쓴 대중서.

『이기적 진실: 객관성이 춤추는 시대의 보고서』 파하드 만주 지음, 권혜정 옮김, 비즈앤비즈, 2014
진실과 달리 사실이 얼마나 쉽게 왜곡되며 의도적으로 조작되어 대중에 영향을 미칠 수 있는지 보여준다.

『뇌과학의 함정: 인간에 관한 가장 위험한 착각에 관하여』 알바 노에 지음, 김미선 옮김, 갤리온, 2009
일반인들이 확신하듯이 뇌 자체가 곧 정신적 자기라는 도식에 대하여 정면으로 도전장을 던지고서, 개체는 주변 세상과의 관계 속에서 형성됨을 보여준다.

Tending Adam's Garden: Evolving the Cognitive Immune Self I. Cohen, New York: Academic Press, 2000
아쉽게도 아직 국내 번역이 되어 있지 않지만, 신체적 자기를 구성하고 있는 면역 현상에 대하여 기존 면역학적 입장을 넘어 복잡계적 해석을 시도하고 있다.

「다윈 & 페일리: 진화론도 진화한다」 장대익 지음, 김영사, 2006
다윈의 생애와 사상, 진화의 기본 개념과 적용, 그리고 논쟁들을 포괄적으로 소개한 개론서.

「다윈의 식탁」 장대익 지음, 바다출판사, 2014
현대 진화학자들 사이의 치열한 논쟁을 다룬 책. 자연선택의 단위와 힘, 그리고 유전자의 역할 등에 대한 쟁점들을 다룬다.

「지울 수 없는 흔적」 제리 코인 지음, 김명남 옮김, 을유문화사, 2011
진화의 다양한 현대적 증거들이 핵심적으로 정리된 탁월한 대중서.

「이기적 유전자: 개정 증보판」 리처드 도킨스 지음, 홍영남·이상임 옮김, 을유문화사, 2010
더 이상 알릴 필요가 없는 책이지만, 너무나 많은 독자들이 오독하고 있는 책이기도 하다. 이기적 유전자가 '이타적' 인간을 진화시켰다는 것이 이 책의 메시지다.

「이타적 인간의 출현」 최정규 지음, 뿌리와이파리, 2009
게임 이론으로 풀어본 협동의 진화. 국내 경제학자가 쓴 탁월한 입문서다.

「눈먼 시계공」 리처드 도킨스 지음, 이용철 옮김, 사이언스북스, 2004
다윈이 점진론을 끝까지 밀어붙였다면 바로 이런 모습이었을 것이다. 창조론과 단속평형론을 땅에 묻기 위해 쓴 책.

「풀하우스」 스티븐 제이 굴드 지음, 이명희 옮김, 사이언스북스, 2002
진화에서 진보를 떼어놓기 위한 현란한 노력. 진화는 다양성의 증가일 뿐!

「서양미술사」 곰브리치 지음, 백승길·이종숭 옮김, 예경, 2005
서양미술의 역사를 고대부터 현대까지 서술한 미술사 책으로 미술에 입문하는 학생들에게 도움을 준다.

「서양 현대미술의 기원」 김영나 지음, 시공사, 1996
현대 서양미술의 기원을 20세기 초에서부터 조명하는 책으로 피카소와 같은 작가들의 작품에 대한 자세한 논의를 하고 있다.

『한국근대미술과 시각문화』 김영나 지음, 조형교육, 2002

한국 근대 미술과 시각문화에 관해 논문 형식으로 집필하여, 일제강점기의 우리나라 시각 이미지의 흐름과 문화적 맥락을 알 수 있다.

『미술관과 소통』 김형숙 지음, 예경, 2001

미술관의 시작과 함께 논의되고 있는 교육적 측면에 대해 구체적인 미술관을 사례로 들어 논의하고 있다.